餐 酒 搭 配 學

PAIROLOGY

A Sommelier's Guide to Matching Food and Drink

侍 酒 師 的 飲 饌 搭 配 指 南

何 信 緯
Thomas Ho

In Vino Veritas

In memory of Gérard Basset

推薦序 ————

I first met Thomas in 2017 when he came to work as a stagiaire at our hotel, Hotel TerraVina, in the New Forest, in the South of England. Both Gerard and I were hugely impressed by Thomas's enthusiasm, dedication and professionalism. He was charming and thirsty to learn from Gerard and discuss all things Sommellerie. During the time Thomas was with us he and Gerard discussed at length Thomas's ambition to write a book about food and wine pairing.

Fast forward five years and sadly, whilst Gerard is no longer with us and thus has not had the pleasure of seeing Thomas's book writing goal come to fruition, I am delighted to be able to write this foreword for Thomas, safe in the knowledge that Gerard would be delighted, thrilled and very proud of Thomas, his book and his continuing achievements.

PAIROLOGY, A Sommelier's Guide to Matching Food and Drink, is a perfect showcase for Thomas's knowledge, passion and dedication to wine, food and Sommellerie. Matching wines with foods is never an exact science, in fact it is a careful balance of so much more and this book explores this complex subject with a keen intelligence and obvious love for wine.

Well done Thomas, may this book be the success it deserves to be.

Nina Basset FIH
The Gérard Basset Foundation
https://gerardbassetfoundation.org/

我第一次見到 Thomas 是在 2017 年，當時他在我們位於英國南部新森林區 (New Forest) 的 TerraVina 飯店擔任實習侍酒師。Gerard 和我都對 Thomas 的熱情、奉獻與專業精神印象深刻。他很具魅力，渴望向 Gerard 學習並與之討論侍酒師的所有事情。Thomas 和我們在一起的那段時間裡，曾和 Gerard 詳細地討論到寫一本關於食物和葡萄酒搭配書籍的理想。

五年過去了，遺憾的是 Gerard 已不再和我們在一起；因此，他無法高興地看到 Thomas 所完成的新書與其寫作目標的實現，但我很高興能夠為 Thomas 寫這篇序言，因為我知道 Gerard 絕對會為 Thomas 和他的新書與持續成就，感到高興、激動與自豪。

《餐酒搭配學 - 侍酒師的飲饌搭配指南》，完美展現了 Thomas 對葡萄酒、食物，以及侍酒師的專業知識、熱情與奉獻精神。葡萄酒和食物的搭配從來都不是一門精確的科學；事實上，它更是對許多事物的仔細觀察、理解與平衡的真實之道。本書是以敏銳的智慧與對葡萄酒的極度熱情來探討這個複雜的主題。

做得好 Thomas ！願這本書獲得應有的成功。

序

The Gérard Basset
Foundation
Nina Basset FIH

推薦序 —————

私が、国際ソムリエ協会会長の任期中にあった世界最優秀ソムリエコンクールの 2013 年東京大会と 2016 年のメンドサ大会において、台湾代表の選手として参加されていた Thomas Ho さんにお会いしました。

その際の印象は、明るく、清潔感があり、謙虚な方だと思いました。

ソムリエは、いろいろなことを学びます。ワインのことはもちろんですが、他の全ての飲料のことを識る必要があります。さらに、世界中の食べ物、その歴史や文化、食事のマナー、テーブルウエア、テーブルコーディネートなど食卓上の全てについて学びます。つまり、日常の食生活の全てが学ぶ時間でもあるのです。

ソムリエは、何のために学び続けるのでしょうか？
その答えはひとつ。顧客のため、そのひとの食事の時間をより愉しい時とするためです。

世界中のどのような方であっても愉しい時間に感じていただけるため。そのために学び続けています。

食文化の違い、食習慣の違い、好みの違い。その全てに対応できるために研鑽を重ね、その瞬間に最も適したサービスを提供します。

そんなソムリエという職業に向いているのは、テイスティング能力が優れているよりも、謙虚であり、常に目配り、気配り、気遣いができる人だと思います。
Thomas Ho さんは、そのような方だと思いました。

田崎真也

2013 年當我身為國際侍酒師協會主席時，見到了代表台灣，參加於東京舉辦世界最佳侍酒師大賽的 Thomas；他後來也身為 2016年，於阿根廷門多薩舉辦的第十五屆世界最佳侍酒師賽事國家代表。

當時對 Thomas 的印象是，一位開朗、簡潔有力且謙遜的侍酒師。

侍酒師必須學習各種事物，不僅是葡萄酒，還包含許多專業。

你需要了解各式飲料，也必須清楚世界各國的美食文化、它們的歷史、背景以及飲食輪廓，並且用心學習餐桌上的一切，也包括各式餐具的使用與用餐禮儀。然而，其實侍酒師在日常的飲食生活中，全部都在學習著。

為什麼侍酒師需要持續精進自己？
答案其實只有一個——讓顧客在吃飯時更加享受用餐時間。

我們希望世界上每一位賓客因為侍酒師的服務都能感到更加愉快；為此，侍酒師必須繼續學習，包含理解飲食文化的差異，用餐習慣的差異，甚至是口味的差異。我們無時無刻在研究與處理這些問題，以便我們將在每一個瞬間提供最適當的服務。

比起擁有優秀的品酒能力；一位謙虛，具有關懷他人、細心、甚至具有能夠閱讀空氣的能力，更適合擔任侍酒師這樣一個職業。

而我認為 Thomas Ho 就是這樣的人。

序

**世界侍酒師協會會長
(2010-2016) /
世界最佳侍酒師 (1995)
田崎真也**

推薦序 ————

I've had the good fortune to know Thomas for ten years, and in that time, he has not only demonstrated that he is Taiwan's best sommelier, but also that he is one of the best sommeliers, period. Why is Thomas so good? Because he makes thinks simple and approachable, surprising and enjoyable. Some sommeliers act like they are here to educate you (whether you want to be educated or not), but Thomas has never been interested in flaunting his knowledge, instead he uses his experience and skill to make us feel like everything can taste better; if we just think about it a little.

Pairology, continues in this vein, explaining and suggesting, without ever lecturing. If you love wine and food (and if you are reading this foreword then you probably do), then this is a book that helps build your understanding, providing you with the confidence to select wines for a wide range of different dishes and cuisines. Of course, we would all love Thomas to be with us every time we had to make a decision about which wine to buy, and what food to prepare as a suitable accompaniment, but in his absence, we have Pairology; a book which can only enhance our gastronomic lives. Happy pairing!

Mark Pygott MW,
May 2022

我有幸認識了 Thomas 超過 10 年，在這段時間裡，他不僅證明了自己是台灣最佳侍酒師，而且還證明了他也是最好的侍酒師之一。為什麼 Thomas 這麼好？因為他能讓艱澀的酒類知識，變得簡單又平易近人，甚至是令人驚訝與愉快。有些侍酒師經常表現得好像是來教育你的（無論你想不想接受教育），但 Thomas 從來沒有興趣炫耀他的知識，而是用他的經驗和技巧，讓我們覺得關於餐與酒的一切都變得更好一些；只要我們稍微思考一下。

《餐酒搭配學》，這本書中以相同的脈絡延續著他的相同理念，透過解釋與建議而不是講課。如果您喜歡葡萄酒和食物（想信正在閱讀本書的您，一定是非常喜歡），那麼這本書可以幫助您建立餐飲搭配的觀念並且理解其核心，讓您更有信心為各種不同的菜餚和美食挑選到適合搭配的葡萄酒或飲料。當然，每次當我們需要決定買哪種酒，或是思考準備什麼食物作為飲品合適的搭配時，我們都希望 Thomas 能在我們身旁；但當他不在的情況下，我們應該擁有這本餐酒搭配學，這是一本增加我們的美味生活的書。

祝福搭配愉快！

序

Master of Wine 葡萄酒大師
Mark Pygott MW

推薦序 ———

1922 年日本國會為使台灣財政獨立，通過台灣施行菸酒專賣制度，藉此獲得足夠稅收、大興土木並堅實台灣現代化基礎建設。也因專賣制度的實施，人民失去釀酒的權利，使得原本璀璨多元的地酒文化消失在農業舞台。國民政府來台後，刻意去日本化，扶植中國化，除了持續公賣，並轉而釀造蔣介石的家鄉味——紹興酒與東北軍愛喝的高粱大麴酒，取代日本時代的清酒與燒酎。至於酒的品質，在那風雨飄搖戒嚴反共抗俄的年代，人民能喝著含有酒精成分的飲料，大概就是一種幸福。

2001 台灣正式加入 WTO，菸酒專賣制度廢止並開放民間釀酒，台灣進入在地酒釀造元年。2004 年我開始協助后里葡萄產銷班樹生酒莊，進行地酒釀造計畫。在反覆的失敗實驗過程走過十多年，本土葡萄強化酒歷經風土熟成，淬鍊出熱帶水果、蜂蜜、蜜餞與太妃糖的均衡細緻口感與滋味。2015 年「台灣埔桃酒」終於站上國際舞台，至今在世界十國得獎，也因而獲選何信緯老師負責的樂沐餐廳酒單。

有一天何信緯老師把埔桃酒介紹給蘇格蘭格蘭菲迪威士忌 Glenfiddich 的品牌大使詹昌憲，雙方洽談後，旋即展開一場跨國前所未有的計畫，將埔桃酒橡木桶，空運蘇格蘭『過桶 Cask Finish』格蘭菲迪威士忌。歷經四年實驗，成功發表全球第一款『埔桃酒風味桶 Vino Formosa Cask Finish』蘇格蘭威士忌，並於世界大賽中獲得四面金牌。促成這異業結盟散發前所未有光芒的領路人，正是台灣冠軍侍酒師何信緯教授。

如果釀酒師是一瓶葡萄酒的接生婆，那侍酒師就像是養育它的教父。何信緯老師以紮實的瑞士旅館從業精神為基礎，加上他對葡萄酒的熱情與專注，踏上台灣首席侍酒師最高殿堂。他的冠軍侍酒師之路放眼整個酒類產業，以行動致力產學合作，實踐知識經濟的理想，將侍酒師教育力量發揮到極致，那就是——對我來說，全世界都是外場。

陳千浩

**台灣埔桃酒釀酒師 /
法國勃根地大學葡萄酒釀造師
陳千浩**

推薦序 ————

餐酒搭配，是侍酒师的必须掌握的技能，即使将其称之为一门学科，也毫不为过。

尤其是中餐和酒水的搭配，虽说也有人研究过，但总体来说还是个新的课题。无论你是侍酒师或者厨师，专业人士或者爱好者，都可以参与其中。希望这本书可以教你一些底层逻辑、给你一些经典案例、让你多一些灵感和尝试。

祝您吃好喝好！

吕杨 MS

Master Sommelier
侍酒大師　呂楊 MS

為兒子的書
寫序 —————

《論語》〈鄉黨〉中「食不厭精，膾不厭細」是孔子的飲食品味；
又，王翰〈涼州詞〉「萄葡美酒月光杯，欲飲琵琶馬上催」是唐朝
最著名的葡萄酒詩。

當這兩種意境結合時，你可觀想到那盛宴的豪華氣派與絢麗優美。
而相對於現代，貫穿在如此盛宴，如此美酒的魅力靈魂，就是具備
餐酒搭配專業能力的侍酒師。

Thomas Ho 從事侍酒師的角色十年有二，以其專業與經歷，嘔心
瀝血完成此著作。

當願它能提供給餐飲領域的從業人士有個指引的幫助，也希望能做
為普羅大眾學習飲饌品味的範本。

今日，以他為榮；能為作序，更感歡欣。

父
何瑞明 謹序
2022.05.27

自序 ————————

「如果酒能夠封存時間，知識便能持續傳承。所有的學科都是一代又一代人的思想傳承，印刷術讓思考倒退不曾發生，而釀造學的誕生，讓人類與自然有了更深層對話的可能。此時此刻，餐飲搭配的學問正在起步，期許本書能為正在摸索餐酒搭配方向的讀者們帶來些許靈感與啟發。In Vino Veritas. 」

距離上一本書《旅途中的侍酒師》出版，時間已經過去了八年。回首來時路，很慶幸的是我依然走在這個平凡卻踏實的侍酒師旅途中。在這八年間，曾有不少次寫書出版的機會，但或許就像一位音樂人所說的，「當沒有作品時也代表沒有話想說」。

八年來「侍酒師 Sommelier」職業更加受到重視，也有越來越多的優質餐廳希望能聘請到專業侍酒師來提升酒水專業。「餐酒搭配」一詞也在這些年火熱了起來，但其實對於侍酒師來說，餐飲搭配的能力，在本質上只是為了能讓賓客擁有一次難忘美好的餐飲體驗。

回首十多年餐飲生涯，很幸運與多位世界頂尖的餐飲職人，包含主廚、侍酒師、釀酒師、調酒師、大學教授、美食家與餐廳業主們有多次合作的機會，讓筆者在侍酒師生涯中，每每遇到無法找到資料解決問題時，都能夠從各方的指導與幫助下獲得新的思考方向，理出頭緒，邁出步伐。

—— 是誰釀出第一瓶葡萄酒並非最重要的事，重要的是如何讓更多人在未來能持續釀出好酒才是關鍵。

希望這本餐飲搭配指南，能為熱愛餐飲的您，帶來新的啟發與想法，也真誠的期許讀者能夠將書中內容付諸實踐，並且再將您自身的經驗分享出去；因為，我們眼前那片波光粼粼、令人悸動的海面，是由於擁有著那持續吹拂的風。

感謝我的家人，您們是我最大的心靈靠山，也謝謝本書的總編，因有妳的細心才能讓這一切合宜的編排展現出來。

最後，請容許我放上心中最景仰的法國美食作家 Jean Anthelme Brillat-Savarin 在兩個世紀前（西元 1825 年）所出版的《美味的饗宴：法國美食家談吃》*Physiologie du goût* 一書中，Savarin 教授所講述的飲食格言 (Aphorisms of the professor)。

01. 生命賦予宇宙存在的意義，宇宙給予生命存在所需的營養。

02. 動物餵飽自己，人類吃喝，但只有智者才懂得飲食的藝術。

03. 國家的命運取決於人民的飲食。

04. 告訴我你吃什麼，我就知道你是怎麼樣的人。

05. 造物主讓人類依靠吃來生存，賜予人類進食的慾望，並以吃獲得的快樂作為獎勵。

註 * ————
La Gourmandise :
是指美食者或是渴求追尋極致美味，但對於美食的嘴饞卻不是出於需要，更是出於慾望的一種狀態。

06. 美食主義 (La gourmandise) * 是一種有智慧的行為，通過它我們挑選美好滋味的食物，而不是選擇缺乏品質的。

07. 餐桌上的樂趣是屬於所有世代、所有地域、所有國家的所有人類的。它與其他形式的愉悅往往相互交織，並會在其他愉悅有所缺失時為人類留下最後一絲安慰。

08. 餐桌是唯一永不使人煩悶的地方。

09. 以造福人類的程度來說，發明一道新菜的意義遠遠超過發現一顆新星。

10. 消化不良者和酗酒之徒都是對飲食藝術一無所知的人。

11. 正確的用餐原則是從油脂最為豐厚的菜餚開始，以最為清淡的菜餚結束。*

註 *
現代人飲食習慣逐漸轉變成──先從最為清淡的菜餚開始，以油脂最為豐厚的菜餚結束。

12. 喝酒時，應先從酒性溫和的開始，再喝濃郁與香氣強烈的。

13. 葡萄酒不能混喝是一種歪理邪說，再好的酒喝到第三杯都會使味蕾飽和，變得毫無吸引力可言。

序

14. 甜點中少了乳酪，就彷彿美女失去了一隻眼睛。

15. 料理的技藝可以通過學習，但人類生於本能就知道如何燒烤。

16. 廚師最重要的責任是快速且精準的烹調出美食，而食客則要負責趁熱享用。

17. 為了一位不守時的客人而等待，是對那些守時的客人的不敬。

∫∫

「每門學科都是時間的寵兒，它們形成的過程非常緩慢，先是蒐集經驗，逐漸摸索出方法，再將各種方法整合，推論出基本原則。」
── Jean Anthelme Brillat-Savarin (1755-1826)

18. 設宴時沒有盡力準備美食的人，不值得與之結交。

19. 在一個家庭中，女主人負責準備優質咖啡（與茶），而男主人則要供給上等的酒水。

20. 請客就是對一個人在您家（或餐廳）的屋頂下，所有時光負責。

∫∫

何 信 緯
Thomas Ho

LE SOMM 侍酒顧問品牌 創辦人
世界最佳侍酒師大賽 國家代表
國立高雄餐旅大學 助理教授

畢業於瑞士旅館管理大學 SHMS，曾任樂沐法式餐廳首席侍酒師八年，
並跟隨當代葡萄酒大師 Gérard Basset 於英國學習。

獎項
2016 ASI 世界最佳侍酒師大賽國家代表（世界排名第 37）
2013 ASI 世界最佳侍酒師大賽國家代表（台灣首位）
2018 ASI 亞洲大洋洲最佳侍酒師競賽準決賽入圍
2011 SOPEXA 東南亞最佳侍酒師競賽優勝（分數為所有參賽國最高）
2011 SOPEXA 台灣最佳法國酒侍酒師競賽冠軍

經歷
樂沐法式餐廳首席侍酒師
TWA-WSET 葡萄酒教育系統認證講師
LaVie 雜誌葡萄酒專欄作家
Star Wine List 星級酒單評鑑台灣大使
台灣侍酒師協會常務理事
國際侍酒師競賽與葡萄酒競賽評審

認證

ASI 國際侍酒師協會國際侍酒師文憑 (2016)

CMS 侍酒大師協會認證侍酒師 (2016)

奧地利 RIEDEL 酒杯品牌大使 (2018)

日本酒唎酒師認證 Kikisake-Shi (2014)

精品咖啡協會 萃取二級認證｜SCA Brewing Intermediate (2022)

著作

《旅途中的侍酒師：開瓶之後，慢飲酒中的風景、氣味與詩意》(2014)

審定

《世界葡萄酒地圖第八版》(2021)

LE SOMM 酒旅行人
www.lesommtw.com

CONTENTS

CH3

風味的基礎架構與搭配邏輯

CH5

餐飲搭配──料理八元素

CH6

餐飲搭配──飲品八元素

CH7

餐飲搭配潮流趨勢

CH8

回到最初

1

Chapter

餐飲搭配的核心價值

兩個世紀前,法國最偉大的美食家
Brillat-Savarin 就曾說到:「美食主
義 (Gourmandism) 是一門將雅典的
典雅、羅馬的華貴、法國的精緻融為
一體的大學問,它堪稱是人類寶貴的
「美德」之一,也為我們提供了最為
純粹的快樂。」

翻開這本書的此刻,就讓我們開啟這
扇門,一起踏上探索料理與飲品搭配
的美好旅程。

CH1

餐飲搭配的核心價值

「過去的一切經歷，會成為今日的養分；飲食是生活中最大的恩賜，懂得箇中滋味，生命將有更多感動時刻。」

不知道您是否有過這種經驗，當忙碌了一整天後，又回到那間熟悉的小店，點上一份料理，什麼也不做什麼也不想，就靜靜的等待著廚房那頭廚師，慢慢製作著您的料理，廚師話不多，您也沒說話。

當熱騰騰的料理上桌時還散發著香氣，您先靜靜的仔細端詳，接著透過美味的料理，療癒了整個靈魂。

無論是富人或窮人，也無論是名人或一般大眾，任何人都有可能從平凡的生活飲食中，體驗到其中的不平凡。飲食本身是人體能量來源，而美食與美酒不僅能帶來飽足，更能夠撫慰人心。因此，當您開始在日常的飲食行為中感到不平凡時，也就證明了存在的價值。

優質餐飲搭配帶來更好的餐飲體驗

曾經有人說：**「對一瓶葡萄酒而言，土壤主宰葡萄的宿命，葡萄品種決定其資質，耕種像是給予了胎教，氣候變化控制著它的情商，釀酒師在酒窖裡工作像是接生婆，而進口這瓶酒的酒商就如同保母一般。」** 其實侍酒師 **(Sommellerie)** 正是它的媒人，他（她）為桌前的賓客，在餐桌上找到最搭配的另一半，完成一場隆重的餐與酒婚禮 (Mariage)，並讓人永遠記住這幸福的時刻。

但嚴格說起來，餐飲搭配並不是一件嚴肅的事，反而是一個「沒有正確答案」的題目；因為，餐飲搭配在本質上是一種主觀的感受，由於每個人的味蕾與生活體驗不同，而造成個別的飲食喜好與感受。

世界上沒有絕對完美的搭配，但也不會有一種完全被否定的搭配；就同如在旅遊國度中，或許沒有最美麗的國家，但也不會有最糟糕的城市，全然端看你的心是如何看待它，以什麼角度來欣賞它。身為旅人的我們，可以試著在旅途上保持好奇、期待、熱情且勇於嘗試，在風光明媚的餐飲搭配道路上，也可欣賞到不同的美好景致，體驗到更多餐飲配對新方向。

〝

「關於美食學，人們沒有理由拒絕它，它的任務就是要讓我們生活更加愜意，當我們已經厭倦周圍的一切時，它依舊會使我們精神抖擻。」

—— *Jean Anthelme Brillat-Savarin, Physiologie du goût*

〝

〝

法國人形容最完美的餐飲搭配為「Mariage」，它就像是婚姻般的完美和諧。

〝

有人一定會想，既然餐飲搭配沒有標準答案，那為什麼我們還要去探討？因為，雖然餐飲搭配是很主觀的事，但其中依舊有脈絡可以依循。而且若你身為餐飲搭配的設計者；例如，需要面對消費者的侍酒師、餐廳主管、主廚，或餐飲、食品業者，甚至是飲食專家、美食美酒愛好者，還是要理解「絕大多數人」會喜愛的搭配，更要避免「絕大多數人」在搭配時會造成反感的情況，此時就必須嚴肅且認真的來思考餐飲搭配。

餐飲搭配的核心價值

法國知名美食家 Jean Anthelme Brillat-Savarin 指出，美食與佳釀陪伴著人們由生到死；從剛出生的嬰兒渴望母乳，到已是人生最後階段的人想再喝上一口優質啤酒……，社會各個階級的人都能體會到它所帶來的影響。在酒足飯飽之後，人與人之間更容易產生共鳴，互相影響。歷史上許多對世界影響重大的決定，其實都是在餐桌上所談成的；所以，今日世界的樣貌，若說它是透過餐與酒所形塑而成的也不為過。

探討餐酒搭配的知識與研究約在十九世紀時萌芽，二十世紀初開始逐漸被重視。經過差不多一個世紀的時間，隨著全球化與網際網路的發展，更多的資訊分享與更快的商業模式，讓餐酒搭配的多樣性與多元風格飛速成長。現今有越來越多國際飲食評鑑、社群媒體，加上網路熱門餐廳以及求新求變的業者不斷推陳出新下，消費者目光逐漸從只提供美好料理的餐廳，轉向更能供應高品質飲品的餐廳或餐酒館。

消費者在這個時空下，越來越願意將錢花在飲品的消費上，其背後的根本原因，是因為它能帶來更好的**「餐飲體驗」(Dining Experience)**。

試想，為什麼速食業者選擇以汽水搭配漢堡薯條？而 OREO 餅乾就建議佐以牛奶品嚐？在生活中有非常多這類例子，它們能讓人透過搭配，帶來更好的餐飲體驗或感受飲食平衡的情況。

相較於葡萄酒的八千年歷史，餐酒搭配的學問大約近百年間才開始

CH 1

> "
> *「食物的風味能顯露葡萄酒的特質，並提升酒的滋味。而葡萄酒也使食物帶來的愉悅加倍，更昇華到精神層次。」*
> —— *Luigi Veronelli* 路易吉，
> 酒評人 （1926-2004）
> "

> "
> *「最重要的大概就是酒精能造就令人難忘的餐的魔力：它那社交潤滑劑的作用可讓大家進入放鬆狀態，因此食物，同伴，一切的一切就顯得有趣許多。事實上，當你醺醺然的時候，就算是做壞的料理也會變得好吃不少。」*
> —— *Becky Selengut*，
> *How to Taste*《調味學》
> "

蓬勃發展。在此刻我們擁有最好的資源與環境和最願意嘗試體驗的消費者；你可以經由網路（例如使用 Star Wine List 的 APP 或網站：www.starwinelist.com），就可即時知道世界上某個角落，比方此時歐洲的某間餐廳，正在使用那一種傳統風味的飲品，搭配著那一道特殊料理，也能透過世界各國美食家的評論，了解世界各地目前飲品的風潮與走向。**未來的餐飲搭配絕對是光彩耀眼的，更充滿無限能量！**

www.starwinelist.com

現代餐飲重體驗，好的餐飲搭配愉悅感更大

人體需要食物中的營養素來維持生命，這些重要營養素包含脂肪、蛋白質、維生素、礦物質、膳食纖維質、醣類及水。而**「食」**作為獲取養分的方式，透過食物中蛋白質、碳水化合物的攝取，讓人體具有體力與能量；透過**「飲」**能為人體提供重要的水分、維生素與礦物質。兩者就如同**「生命」**與**「生活」**一般，互相需要，而且必要。

當人們在「飲食」上滿足了生存所需的必要性後，慢慢就轉向透過「飲食」，帶來更好生活方式的層次。這種從「吃得飽」，到「吃得好」，再到「吃得巧」模式，不斷的在每個開發中或已開發國家上演；而在最高層次的飲食中，更是從「吃得巧」走向「吃得妙」的境界。吃得巧代表食材精細，做工繁複，而吃得妙，則回歸到心靈層面，甚至是哲學、禪學的層面。例如，懷石料理，已經不再只著重於最繁複廚藝或最奢華的食材，而是主辦者用心準備，誠心待客，鋪陳最自然平衡的飲食狀態，並展現在食材與飲品的最高專業。

若在一場家宴中，主人為貴賓準備了法式澄清湯 Consommé，一碗清澈透亮的澄清湯，盛裝在一只精緻臻美的骨瓷碗中，簡單卻

「要成就完美的一餐，必須運用許多不同領域的知識，除了料理層面的物理學和化學，還包括實驗心理學、設計、神經科學、感官科學、行為經濟學和行銷學，用餐講究的不只是吃進了什麼，也要關注大腦接收到了甚麼。」
——— Charles Spence , Gastrophysics : The New Science of Eating 《美食物理學》

非常慎重。在吃得巧的境界中,或許覺得熱湯中並無珍貴食材,只是一碗樸素的湯品,但是對於理解料理的賓客來說,卻能體會 Consommé 是主人最大的用心。

法式澄清湯需要花相當多的時間費心製作,也被認為是傳統法式料理中最頂級的湯。中世紀時,這是法國國王的廚師為皇家所製作的湯品;主廚會先將高湯、蛋白與碎肉二次燉煮,讓高湯中的懸浮微粒吸附在蛋白和碎肉上,在非常冗長的製作過程中,必須使用文火且細心關照,經由時間和火候的淬煉,才能形成清澈透明的金黃色湯底。當時法國王室主廚便將這種清透湯品叫做 Consommé,而在法文中,Consommé 本身就有完整與濃縮的意思。

又或是,在餐廳宴客時,賓客喝到一瓶年輕的 Châteauneuf-du-Pape Cuvée da Capo Domaine du Pégau*,迷人華麗,單寧細緻平衡,香氣雋永卻奔放,賓客無不對此酒驚嘆讚美。但懂酒的賓客了解,此酒需要非常長的醒酒時間,才能表現出如此不凡的滋味。原來,主人為了今晚的盛宴,特地準備了這瓶被譽為世界上最偉大、最珍貴卻十分低調的酒款,並在一週前就與侍酒師溝通,尊重餐廳的專業侍酒師給予醒酒建議,在餐會的前一晚先將其開瓶,並倒入醒酒器中靜待一個晚上,方能在晚宴中展現出這瓶酒最華麗的樣貌。

這個完美狀態必須包含主人的用心選擇,第二是餐廳對食材與酒品的理解,第三是耐心等待時間的醞釀。所以主人最用心的準備,誠心待客,鋪陳出最自然平衡的飲食狀態,並展現食材與飲品的最高專業,它所呈現在飲食上的用心圖象,即是所謂的**「吃得妙」**境界。

近代的餐廳評鑑(「米其林指南」或是「世界最佳五十餐廳」),更加深了透過餐飲體驗達到「自我實踐」的目的;世界上有不少的餐飲「追星族」常自組旅行團,特別是為了「摘星」餐廳而踏上旅程。在成熟的社會、和平的盛世和豐衣足食的人民這三種條件之下,會逐漸建構出「飲食的價值觀」,因此造就**精緻餐飲文化 (Fine Dining)** 的誕生。

註 *

Cuvée da Capo Domaine du Pégau:
法國教皇新堡產區一款特別珍貴的酒款,Pégau Domaine & Château 是此地最知名的酒莊,而 Cuvée da Capo 則是酒莊最高階的葡萄酒,僅在最好的年份挑選最佳的葡萄釀造,自 1998 年起至今,24 年間僅釀造七個年份。

餐酒搭配儼然成為這個餐飲世代的重要課題，因為，一直以來，飲品在餐飲上只是作為料理的輔助者，最初，在飯前喝飲品是為了讓口腔濕潤，方便吞嚥食物、清除口腔中濃郁的味道，或是消除辣感的殘留；但近年來隨著葡萄酒文化的興起、高端酒吧風潮的崛起，越來越多的消費者願意體驗不同的飲食搭配，有時在重要的宴會場合，其酒飲的費用甚至還會遠高於料理。

對餐飲業者而言，更重要的一點是，飲品利潤一直都大於料理的利潤，但它付出的人力成本、時間成本卻低於料理製作。且在這幾年侍酒師文化提升，正因為在成熟的餐飲文化中，運作得宜的專業侍酒師能為餐廳帶來更多的營收，也能讓許多重要的賓客，達成他們到高級餐廳用餐時希望實現的目的。

隨著精緻料理風潮的崛起，國際飲食文化的交流，未來也將會有更多新潮、有趣的飲食體驗快速地發酵。像是目前在法國興起的東方茶餐飲搭配、雞尾酒佐餐，甚至是北歐餐廳的無酒精果汁搭配或自製發酵汁的設計，這些都為消費者提供了更完整與全面的餐飲體驗，而此刻的我們，正處在飲食文化茁壯發展的重要里程碑。

餐酒搭配的歷史

在世界飲食文化史中，筆者相信早在遠古時期的某個不經意時刻，就有人發現某種飲品搭配上某種食物，會轉變為更加迷人的風味。而人類在進食時會同時飲用液體，本質上，是因避免不夠濕潤的食物可能造成吞嚥困難，這是人體本能的自然反應；正如人類在進行吞嚥時，鼻子會瞬間暫停呼吸避免食物落入氣管般的自動反應。

在歷史上，實際以紙筆記錄下某種飲品可以搭配某種料理，會產生更完整的感官愉悅，最早是距今約兩百年前的西元 1825 年，由法國美食家（同時也是法官、律師、政治家與小提琴家）Jean Anthelme Brillat-Savarin 所出版的書籍──《美味的饗宴：法國美食家談吃》*Physiologie du Goût* 所記載的餐酒搭配體驗。

▲ Jean Anthelme Brillat-Savarin

▲ *Physiologie du Goût*

Ce mets de haute saveur doit être arrosé, par préférence, de
vin du crû de la haute Bourgogne; j'ai dégagé cette vérité d'une
suite d'observations qui m'ont coûté plus de travail qu'une table
de logarithmes.

Un faisan ainsi préparé serait digne d'être servi à des anges,
s'ils voyageaient encore sur la terre comme du temps de Loth.

46

◀ *Physiologie du Goût*（1825）P.361

偉大的美食家 Brillat-Savarin，在書中「**如何烹調與享用雉雞**」的章節，清楚地寫到：「享用這種雉雞時，最不可或缺的就是勃根地葡萄酒。」(Ce mets de haute saveur doit être arrosé, par préférence, de vin du crû de la haute Bourgogne.)

而在「論美食主義」篇中，也清楚地寫到：「那些試圖解釋美食主義 (Gourmandise) 的撰寫者，其實在美食領域裡，是無法與那些優雅地捏著山鶉翅咀嚼、並翹起小拇指輕啜一口拉菲紅酒 (Lafite) 或梧玖園 (Vougeout) 的紳士們匹敵。」

以及在「論宴會之樂」篇中提到：「在享受煮羊腿和彭圖瓦斯腰子時，可以搭配奧爾良 (Orléans) 紅葡萄酒和味道淡雅的梅多克 (Médoc) 紅葡萄酒也是很有必要的」。

這些源自兩百年前，清楚記錄下來的文字，都讓我們明白地了解餐酒（飲）搭配的脈絡，它能讓我們鑑古、觀今，而後知未來。

Physiologie du Goût 這本書影響後代百年，它成為美食學最重要的一本巨作，與一個新時代的開創代表；人類社會經過了幾千年葡萄酒的歷程，終於在近代出現一本探討精緻料理與餐桌飲品的書籍。

接著在 1908 年，英國也出版一本法文版料理與飲品的重要書籍──**《美食指南－餐飲與美食家實用指南》***Le Guide du Gourmet a Table : A Practical Guide for Diners and Epicures*，它給予了精緻料理餐廳中，所需要具備與學習的料理與飲品知識索引，當中提及許多獨特的精緻料理，以及在餐桌上不同的飲品類型。

▲ *Le Guide du Gourmet a Table : A Practical Guide for Diners and Epicures*

在這兩本書出版後不久，經過第一次與第二次世界大戰，直到一個世紀後的 1978 年，法國名廚 Alain Senderens 與西班牙侍酒師 Josep Roca 以及幾位餐飲專業學者與侍酒師，才又提出了關於葡萄酒與料理搭配的專業書籍。

◇ **法國主廚跨界葡萄酒**
法國名廚 Alain Senderens 對料理與葡萄酒搭配上的貢獻尤為顯

著，Alain Senderens 主廚身為新式烹調運動的先驅，雖然在國際餐飲的名氣不如保羅‧包庫斯 (Paul Bocuse)、喬爾‧侯布雄 (Joël Robuchon) 或是艾倫‧杜卡斯 (Alain Ducasse) 等大廚響亮，但 Senderens 在法國是引領法國料理走向現代的重要主廚，除了連續二十七年獲得米其林三星之外，幾位曾到訪台灣客座的米其林三星主廚，如蔬食之神艾倫‧巴薩德 (Alain Passard)，以及巴黎三星餐廳 Le Cinq 的主廚克里斯丁‧史奎爾 (Christian Le Squer) 等多位當代法國名廚，其實都出自於 Senderens 門下。

早期的 Alain Senderens 並沒有特別重視葡萄酒搭餐，直到有一次，他的名廚好朋友米歇爾‧蓋哈 (Michel Guérard) 到訪當時由 Alain Senderens 所主持的 L'Archestrate 餐廳，用完餐後告知 Senderens 說，料理表現十分出色，但是酒單水準和餐酒搭配的深度卻差強人意。Senderens 受到刺激後，奮力自修，甚至前往布根地與波爾多等產地上親葡萄酒課程，於是 Senderens 不僅更深的理解了葡萄酒中的奧秘，更利用他做為廚師的精準味蕾與料理想法，讓餐點與葡萄酒的配對出現大規模的改變，這也推動了當時巴黎眾所皆知的餐飲搭配浪潮。

到了 1985 年，Alain Senderens 接手巴黎的老牌餐廳 Lucas Carton，更進一步推出餐酒搭配專屬菜單，主廚推薦每位賓客，分別建議每道菜搭配某款特別挑選的葡萄酒，這種創新的想法也很快地流傳至全法國，甚至是歐洲的高端餐廳。Senderens 主廚也無視在當時法國餐飲界公認的，起司就要配紅酒的通則，標新立異地使用了 Vouvray 產區的白酒搭配 Touraine 的羊奶起司，當時也震驚了許多法國食評家，Senderens 主廚卻一派輕鬆地說：「十有八九，紅酒跟起司根本就不配。」

直到今天，起司配白酒的概念才更為人所知，因為紅葡萄酒其實跟硬質起司是更搭配的，但料理中使用的起司，多是新鮮起司或軟質、白黴起司；可見早在三十多年前，Senderens 主廚就能精準地理解料理與葡萄酒的真實風味連結，而不是單純照本宣科，依照傳統的規則進行餐酒搭配。後來 Senderens 主廚也出版多本講述餐酒

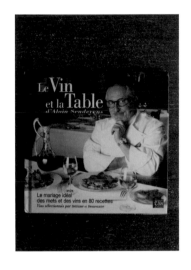

▲ Le Vin et la Table d'Alain Senderens

〞
「十有八九，紅酒跟起司根本就不配。」
── Alain Senderens, 法國名廚
〞

搭配的專書，包含經典的 **《餐桌上的葡萄酒》** *Le Vin et la Table d'Alain Senderens*，也成為自《美食指南 ── 餐飲與美食家實用指南》後的一個重要里程碑。

◊ 完美餐酒配對餐廳

接著 1986 年，一間位於西班牙加泰隆尼亞 Girona 小鎮郊外的餐廳橫空出世，先是在 1995 年獲得第一顆米其林星，2002 年晉升二星，2009 年成為三星餐廳；更於 2013 年與 2015 年拿下 San Pellegrino 全球最佳餐廳排行榜「The World's 50 Best Restaurants」世界第一名的寶座。這間餐廳即是世界上赫赫有名的西班牙「El Celler de Can Roca」（羅卡三兄弟餐廳）。

「El Celler de Can Roca」是一間由三位家族兄弟共同營運的世界最佳餐廳，主廚是大哥 Joan Roca 負責廚房，二哥 Josep Roca 是侍酒師兼經理，小弟 Jordi Roca 則為甜點主廚。

三兄弟被稱為是**「天才的神聖三合一」**，各有不同專長，他們靠好奇與創意，加上天衣無縫的合作，讓僅有五十五個座位的餐廳發揮到極致巔峰，並且提供一套 14 杯餐酒搭配的 MENU，得到一致性好評，讓食客們為了品嚐到三兄弟的廚藝、體驗餐酒搭配，不僅千里跋涉，且至少需提前一年訂位。

以下是一位美食家 José Ruiz(Vino Wine) 於 2014 年到訪「El Celler de Can Roca」用餐所品嚐到的餐酒搭配菜單，當時「El Celler de Can Roca」正處於剛獲頒世界最佳餐廳 (2013)，與準備重回世界最佳餐廳 (2015) 的期間，我們能夠透過此菜單，感受到當時引領世界走向餐酒搭配趨勢的最佳餐廳，在菜單設計與選酒佐餐的邏輯與想法。

餐飲搭配的核心價值

〃
「我們三兄弟，是家族裡的第三代，『信任』是我們最重要的價值，我們分享激情，也盡情地投入其中。我們三個人都非常努力地工作，如果這家餐館可以自然地成長，那是因為我們每個人都盡力地將夢想變為現實。餐廳，正是我們的生命。」
── *Joan Roca i Fontané,*
El Celler de Can Roca 主廚
〃

El Celler de Can Roca:
Alta Cocina de Vanguardia by
José Ruiz / 25 June, 2014

2014
El Celler de Can Roca Wine Pairing MENU
By Vino Wine / José Ruiz

Albert i Noya Cava El Celler Brut NV (D.O.Penedès)
在地的西班牙氣泡酒

晚餐以氣泡酒開場，清淡爽口，佐以豐富的開胃小點。
這是一款沒有過濾的氣泡葡萄酒，
也是餐廳附近生產的葡萄酒，伴隨著春天宜人的清爽風格。

Joh. Jos. Prüm Riesling Kabinett 2008 (V.D.P. Mosel)
德國微甜白葡萄酒

搭配蘆筍，它平衡了蘆筍和松露的風味；
Riesling 的酸度和 Kabinett 微甜感解決了與蘆筍和松露這些總是不易配對的組合。

Matassa 2011 (Vin du Pays des Côtes Catalanes)
南法自然派白葡萄酒

以 Muscat petit grain 33%、
Muscat d'Alexandrie 33% 和 Macabeu 33%
所混釀的橘酒，搭配鯖魚，讓足夠的酒體和酸度平衡美味的魚肉。

Navazos Niepoort Vino Blanco 2012 (Vino de mesa de Jerez)
西班牙雪莉酒酒商 Equipo Navazos 與波特酒名廠 Niepoort 合作釀造的酒品

風味是經典的雪莉酒滋味，但此酒只經酒花 (Flor) 培養，
卻沒使用白蘭地加烈，因此不算雪莉酒，氧化風味來自不添桶釀造，所以近似法國黃酒。
此酒搭配蕁麻沙拉開胃菜，屬於靈魂伴侶的餐酒搭配表現。

Viña Tondonia Blanc 1999
經典的西班牙 Rioja 陳年白葡萄酒

以 Viura 和 Malvasia 白葡萄混釀，經過非常長時間的舊橡木桶熟成，
帶出複雜和熟成的特性，搭配當季甲殼類海鮮料理。

Sarnin-Berrux 2011 Magnum (A.O.C. Meursault)

法國布根地 Chardonnay 1500ml 白葡萄酒

與細緻的黃貂魚 (Stingray) 一起搭配時，
白葡萄酒可充分襯出料理的滋味，而不會壓過料理風味。

Beatum 2010 (Vino de Mesa de Liebana)

西班牙 Liebana 的餐酒

來自 Liebana 靠近大西洋產區，以 Mencía 葡萄釀製的新鮮紅葡萄酒，
具有明顯的酸度及清爽的酒體。

Sant Antoni Priorat 2010 (D.O. Qa. Priorat)

西班牙 Priorat 地區以 Garnacha 釀製的紅葡萄酒

伴隨著煙燻肉香與紫羅蘭芬芳，討喜的酸度與柔滑的單寧完美結合，
同時也帶有果香與礦石感，具有相當優雅的風格表現。

El Ciruelo 20110 (D.O. Valle de la Orotava)

**來自西班牙加納利群島 Valle de la Orotava
（Santa Cruz de Tenerife 聖克魯斯省）的島嶼葡萄酒**

以 Listán Negro 葡萄所釀製的紅葡萄酒，搭配小牛肉；
Listán Negro 本身具有足夠的酸度，佐餐可讓菜餚口感更加清爽。

San Vicente 1991 Magnum (D.O. Ca. Rioja)

**經典的西班牙 Rioja 以 100% Tempranillo 所釀製的
陳年兩瓶裝紅葡萄酒**

餐廳侍酒師 Josep 以此酒搭配乳鴿三部曲。
此酒來自 Eguren 家族（位於里奧哈阿拉維沙 (Rioja Alavesa)Laguardia 地區的
一個小型酒莊 Vinedos de Paganos）。

1991 年份 Magnum（1500ml）的酒只做了 100 瓶，
僅供應 Roca 餐廳餐酒搭配使用，讓賓客只能在餐廳品嚐到此酒。

Weingut Egon Müller Scharzhof 2009 (V.D.P. Mosel)

知名德國酒莊 Egon Müller 的 Scharzhof 微甜白葡萄酒

Riesling 精選自酒莊位於 Saarburg 與 Wawern 擁有的葡萄園，
精巧迷人的酸度與甜度，平衡了豌豆甜點，
屬於完美且迷人的搭配。

Sake Katsuyama Gozenshu Gen

來自日本宮城縣仙台市的勝山酒造所釀製的純蜜薰酒「元 Gen」

此款清酒帶有濃郁的蜜餞、梨子香氣，以及蜂蜜與焦糖氣息。
搭配酸麵團冰淇淋，適度的甜味與 Loire 晚摘的甜白葡萄酒非常相似，
是一個成功且有趣的配對。

Café Apaneca El Salvador Finca Bosque Lya /
Niños PX de Valdespino (D.O. Jerez)

薩爾瓦多 Apaneca 咖啡產區的 Bosque Lya 莊園咖啡／
西班牙南部 Andalucía 以 Pedro Ximénez 白葡萄釀製的極甜美型雪莉酒

它與 Jordi Roca 的 Anarkía de Chocolate* 搭配，
帶出複雜的風味，濃郁而且永恆不朽。

> 註 *
> 「Anarkía」一詞是指混亂、無政府狀態的意
> 思。Anarkía de chocolate 是 Jordi Roca
> 的經典甜點之一，使用了超過五十種元素，沒
> 有固定的擺盤方式，包含各種不同百分比的巧
> 克力以及許多不同口味與質地，看似雜亂無
> 章，但卻能為五感帶來獨特體驗。

2014 年，Roca 在餐館正對面開設 La Masia (I+R)，作為研究與創新空間。
El Celler de Can Roca 也成立了植物研究小組 Terra Animada，記錄超過 3000 種野生植物，
以及重新審視這些植物在美食界的應用。

◊ 亞洲料理搭配新時代

2009 年，一本關於亞洲菜搭配西方葡萄酒的重要書籍出版了——
《亞洲味蕾：品嚐亞洲美食和美酒》*Asian Palate:Savouring*
Asian Cuisine & Wine，由首位亞裔葡萄酒大師 (Master of
Wine)——李志延 (Jeannie Cho Lee) 所編寫。書中闡述在十大亞
洲城市，包括香港、上海、北京、台北、東京、首爾及曼谷等地，
葡萄酒於餐飲體驗中的重要角色。此外，Jeannie 也向讀者推薦各
地傳統菜式配搭葡萄酒，以及如何為不同場合情境選配美酒，並分
享葡萄酒與美食佳餚互相配搭後引發出食物的獨特風味。

2013 年，法國名廚 Yannick Alléno 出版了一本全世界實體尺寸最
大，同時也是價格最高的食譜書——*Ma Cuisine Française par*
Yannick Alléno，其中不只包含眾多 Yannick 經典食譜，並詳細
推薦了四十頁葡萄酒搭配料理的組合，這代表了在法式料理中，葡
萄酒也身為關鍵的角色。書籍出版之時，Yannick 主廚也曾到訪台
灣，當年筆者曾為他設計過一次特別的餐酒搭配，當時也獲得主廚
的喜愛。

為了 Yannick 主廚的到來，當時挑選了幾款在歐洲不常見的酒品，
包含日本的清酒、黎巴嫩的紅葡萄酒、南非的貴腐甜白酒、來自羅
亞爾河僅有一人釀酒師釀造的白葡萄酒，以及一款特別由樂沐餐廳
訂製的香檳來佐餐。

或許因為酒款皆是 Yannick 主廚較不熟悉，卻各有高品質的質量呈
現，且菜餚也是當時與陳嵐舒主廚一起設計過的，因此讓 Yannick
主廚印象深刻，覺得有趣、新穎且獨特。

∫∫
「*那些能配合亞洲多樣變化性*
料理的葡萄酒，有冷涼氣候的
西班牙 Galicia 和法國 Alsace、
Loire 等產區白酒，與未過桶
Chardonnay、Godello、Xarel-lo、
Viura。較輕盈的氣泡葡萄酒，或
強化葡萄酒，如雪莉酒、馬德拉
酒。或是陳年的葡萄酒如 Rioja
Reserva、波爾多紅酒、Priorat 的
Garnacha 老酒。」
—— *Jeannie Cho Lee 李志延,*
MW
∫∫

∫∫
「*我相信烹飪就是濃縮的時刻，*
味覺感受的時間越久，食物給人
的記憶就越經久不衰。」
—— *Yannick Alléno,*
法國三星名廚
∫∫

2014 樂沐迎賓晚宴菜單
(for Chef Yannick Alléno)

<u>MENU</u>

2008 Champagne Bauget-Jouette Blane de Blancs"Cuveé Le Moût Restaurant"

Aperitif
下酒菜

特撰吟釀 Tokusenginjo 黑龍 Kokuryu

Oyster and Pearl, Lemon Butter and Turnip

吉拉朵生蠔 / 珍珠 / 檸檬奶油 / 蕪菁

2012 Riesling Kabinett Schloss Vollards

Duck Foie Gras Royal, Coffee and Lemon "Chip

肥肥鴨肝慕斯 / 咖啡 / 檸檬薯片

2010 御板 MISAKA 甲州樽發酵 , 勝沼釀造

Hamachi Shirako, Caramelized Baby Cabbage,

Porcini Foam, Shallot-Leek Sauce

青鰤白子 / 小甘藍菜 / 牛肝蕈 / 大蔥醬

2009 L'Indolent Vin de France

Slow Cooked Beef Tongue. Jerky, Corn Consomme and

Almond Tofu

慢煮牛舌 / 風乾牛舌 / 甜玉米 / 杏仁

2003 Chateau Musar

Pigeon. Yilan Style Cured Pork Liver. Chanterelles and
Lapsang Souchong Tea

嫩烤乳鴿 / 膽肝 / 野生黃菇 / 正山小種茶

Or

Boneless Short-Ribs, Crispy Brisket, Caramelized Milk Skin,
Scallion Cream, Jus Tranché

慢烤無骨牛小排 / 牛奶皮 / 三星蔥慕斯 / 焦褐奶油肉汁

Special Wine from Sommelier

Bleu d'Auvergne Polenta, White Sesame Custard,
Gewurztraminer Air

維涅藍紋乳酪餅 / 芝麻蛋黃醬 / 阿爾薩斯甜酒

2006 Vin de Constance Natural Sweet Wine Klein Constantia

Tomato, White Coco Bean and Black Sugar

風乾番茄 / 法國白豆 / 黑糖

Mignardise
精緻茶點

餐酒搭配的成敗與酒的價格無關

接下來讓我們更進階地來討論餐飲搭配對於餐飲商業模式的重要性。如果餐飲搭配是建構在提升餐飲體驗 (Dining Experience) 的架構上,此時在設計搭配上的思考,甚至會更大於酒與料理本身的重要性。

它有點像是一場交響音樂會給聽眾的感動體驗,不在於單一樂器的品牌與價格,而是透過作曲家與指揮家對於各種樂器與樂理的理解,針對音色與樂章的本質,做出層層堆疊、循序漸進的設計與規劃,讓一場演奏會的起承轉合及完整性更凸顯出來。又若,有時在交響樂曲的某一章節會特別需要突出小提琴演奏,侍酒師也可仿效這個概念,挑選一款重點酒款的出現;例如,搭配主菜的華麗紅葡萄酒、名家調製的精美開胃雞尾酒,甚至是餐會最後壓軸的珍貴普洱茶。

不會有一款酒是適合整場餐會的,如果真有的話,應該就是水或茶一般的飲品。長久以來,大眾所說的「香檳百搭」,這句話其實並沒有回答真正的問題,就如同不會有人說「某一道菜不搭氣泡水」一樣,這種風味屬於「中性」的飲品功用,更重要的是能清除口腔中的餘味,準備迎接下一道菜的來臨。當然,若是一瓶經過陳年或是晚除渣的香檳,將會帶出更多第二層發酵與第三層熟成 * 的風味特性,此種特別的香檳就能使用在特殊的餐酒搭配設計上,展現出獨特個性。

若是以餐飲體驗的規劃來建構飲品設計,此時,飲品價格就不是最核心的關鍵,而在如何透過對料理與飲品之間的**媒合、理解、設計與安排**,讓顧客擁有最豐富的**餐飲體驗,甚至觸發感動**。

舉個例子,在前一個章節中曾提到,世界最知名的餐飲搭配餐廳「El Cellar de Can Roca」,侍酒師 Josep Roca 就曾經使用過一款過度熟成(氧化)的 2007 年 Chablis 白酒,搭配烙烤生蠔佐焦化醬汁;此種已經被歸類在「已過適飲期、不新鮮可口」的白葡萄酒,正常來說是應該被拿去廚房做料理用酒的,但 Josep 卻刻意安排在餐酒搭配中使用。

「餐飲體驗的設計就像交響樂團的協奏,侍酒師看的不是單一酒款的重要性,而是整場餐會的鋪陳與規劃。」

註 *
三層飲食風味表現:
第一層新鮮風味,指新鮮食材或原料本身所帶有的香氣和味道。
第二層發酵風味,指發酵後或釀造過程中所產生的香氣和味道。
第三層熟成風味,為陳年後所產生的香氣和味道。

Three layers of food and beverage flavor performance:
Primary Aromas and Flavours:
The aromas and flavours of the raw material.
Secondary Aromas and Flavours:
The aromas and flavours of post-fermentation or winemaking.
Tertiary Aromas and Flavours:
The aromas and flavours of maturation.

過度氧化的 Chablis 白酒，本身喝起來就非常不平衡，帶有過高的酸度與第三層氧化、堅果與濕泥土風味，令人喝了一杯就難再喝下第二杯，但經過特別設計，以烙烤生蠔與焦化醬汁來搭配此酒，以酒做為主角，讓原本酒中的酸度巧妙地支撐住生蠔的鮮味，氧化的滋味與焦化醬汁絕妙結合，原來酒中的缺點卻成了這道料理的救星，過強的焦化醬汁也有了清爽的酸度去平衡滋味，相同的，料理也拯救了這瓶早該被拿去做料理的白葡萄酒。

這種餐酒搭配的做法必須精心設計，因為，如果酒與料理上菜的時間沒有同步進行，可能就會造成當下的悲劇。但若經由主廚與侍酒師的精巧安排，以及外場服務同仁的精準服務，這種完美搭配，將為賓客帶來超乎意料的感受與難忘的體驗。

◊ 首先排除價格的成見

當世界已經走向科技與資訊時代，誰都可以輕易地在網路上搜尋到某知名葡萄酒的國際均價（利用 wine-searcher.com 或 VIVINO 查詢），於是乎，餐廳經營也容易被推到「價格比較」的道路上。這事當然沒有對錯，因為人性本來就會比較，也是為了保護自身利益；然而卻因為容易比較，反倒讓人只專注在眼前的獲得，而失去了未來的光景。

這種情況就像父母很容易將子女的成績拿來比較一般，因為「分數」是最容易做為依據而分出高低的。因此，在短時間內，子女或學校的學生，因為被評比而更認真讀書以求考高分，但長遠來看，讀書考高分這件事到底是不是真正的人生目標？因為，像對美學美感的領悟，或是藝術天分，甚或是音樂的能力，這些面向在初期是無法透過簡單的「打分數」被發現的！

「比較是偷走快樂的小偷。」
——— Theodore Roosevelt
羅斯福，美國前總統

wine-searcher.com

www.vivino.com

同理，在商業模式也是如此。大家常說到的「藍海策略」，是盡量不要讓企業陷入「紅海」的競爭泥沼中，但要落實通常是非常不容易的。因為人多的地方會帶來更多安全感，反而是人少處，人心就會開始懷疑是不是有危險，這是人性的本質所造就。

例如，幾年前的 Opus One* 在台灣市場曾發生過一些狀況，Opus One 葡萄酒本身已經具國際市場知名度，因為酒款好賣、具有話題性，即便不做行銷，貨品也銷售得很快；但到了後期，因酒款取得容易，市場價格也非常容易查詢，導致 Opus One 進入了葡萄酒的紅海市場。

註 *　——————————
Opus One（作品一號）：
是產自美國加州的一款優質葡萄酒，創立於 1979 年，由美國 Robert Mondavi Winery 酒莊和法國波爾多五大頂級酒莊 Château Mouton Rothschild 攜手合作成立。在當時一上市，隨即成為世界上愛酒人士追逐的名酒之一。

最後，一瓶原本六千多塊的葡萄酒，變成喊價廝殺的模式在進行銷售；此種模式長遠來看卻造成品牌價值、進口商與消費者三輸的局面。Opus One 當時走到偏低價的路線，進口商也沒辦法好好經營這個品牌，消費者則在該品牌與進口商間緩步退出，結果卻讓當時許多人反而忽略了這款本質優異的好酒。

小眾、獨特性強的精緻酒莊，將成為未來主導餐飲葡萄酒風潮的主流，敏銳的餐廳經營者必須走在潮流之前，這也造就了**「自然酒」**在當代如此盛行的原因。自然酒最核心的關鍵是在產量少、獨特性高，其次是橡木桶風味少與酸度高。一般來說，酸度高容易搭餐，橡木桶風味少也代表釀造成本降低，這確實是自然酒適合在餐館飲用的原因。

最重要的是，一般消費者較難直接對這種酒款做比價，當跳出了比價的輪迴，才能專注在酒質和餐飲搭配的表現上。這種模式的建立，也才是真正的餐飲酒水利潤之所在。但因為此類型的酒款，酒質時常不穩定，十分容易出現品質不佳的狀況，且這種類型的葡萄酒，數量一般比起大酒莊都更稀少難尋。

因此，餐廳專職的侍酒師或聘請的專業選酒顧問，就成為了主導酒水品質與酒水獲利的核心關鍵角色。

〝〝
「酒食搭配最重要的是，要知道如何避免餐與酒的衝突。」
——— *Stephen Beckta, MS,*
Beckta Dining & Wine　餐廳業主
〝〝

為你的「飲」與「食」找完美另一半

餐飲搭配不是高級餐廳專有的特權,也並非一定要有侍酒師才能做到。其實餐飲搭配經常出現在我們的生活,它與各地文化緊密融為一體,只是因為很多情境太過自然,反而讓人忽略了它的存在。它就像是生活的協奏曲,從早晨的吐司配鮮奶、漢堡搭配可樂、豆漿與油條,甚至麻辣鍋與酸梅湯,餐飲搭配如同每一天的日出與日落,持續在日常中發生,只是我們因為熟悉而習以為常。

如前文所提,對於餐飲搭配而言,就像是在找尋另外一半。關於餐酒搭配,許多人會覺得很複雜,但最首要且最核心的,就是先排除「危險配對」,也就是說要避免餐與飲,兩者在搭配後會互相衝突、雙方都扣分的情況;這種配對就像是勉強在一起的愛情,最後一定會因爭吵而分開。

以葡萄酒與料理搭配上的範例來說,最經典的例子就是:用帶有厚重丹寧、橡木桶風味的紅葡萄酒(富含鐵質),配上新鮮的海鮮食材,如生蠔、甜蝦、干貝或生魚片;這些含有大量碘成分、高鮮味的食材,若以這種搭配會完全摧毀食物與葡萄酒,讓兩者就像仇人相遇,互相爭吵而無法調和。另外,若以不甜的飲品,搭配甜度很高的料理,在口感上也會發生苦味明顯、風味平衡失調的嚴重情況。這些我們都將其列入**「危險配對」**的搭配類型。

若參考身高、體重來找尋另一半,關於食物與飲品的「身高與體重」,其實就是我們對於**料理風味的輕盈或濃郁程度、飲品風味的清爽或厚實、酒飲的酒體或酸甜表現的感受。**

我們開始試著異中求同,尋找出彼此相同的興趣和個性。例如,兩人都很喜愛大自然、喜歡運動或職業性質接近,這幾點就是餐酒搭配中所說的**「一致型風味配對」(Congruent Pairings)**。料理若具有高酸度,所挑選的酒款也需要有高酸度來支撐食物;若是高甜度的料理,就必須選用甜度相當的酒款來配對;料理的香氣若來自辛香料食材,就使用同樣帶有辛香料氣息的酒款或飲品,基本上都會很合拍。

「研究結果表明,鐵是葡萄酒與海鮮搭配出現腥味的關鍵因素。」
—— *Takayuki Tamura,*
日本紅酒製造公司 *Mercian Corp.*
產品研發實驗室科學家

ACS Publications

https://pubs.acs.org/doi/
10.1021/jf901656k

又如，若雙方具有相同的背景，甚至是來自同一個城市又在同一間學校求學，這點就是在餐酒搭配中所說的**「原產地搭配法則」**(Regional Food & Wine Pairings)；特別是起司與葡萄酒，兩者本身正是傳達土地風土的農產品，更容易在原產地的架構底下成功搭配。（參考 P120 起司與葡萄酒的搭配）

最後，最有挑戰的是，剛開始相處看起來很衝突，但經過一段時間後卻很互補，而產生更多火花的一對伴侶。以外表看，例如，男生比女生高出許多，或很有個性的女生卻和文靜男在一起，這些組合總讓人有出乎意料的感覺。

在葡萄酒與料理搭配上，最經典的範例是，用帶有甜美風味、蜂蜜與橙花香氣的貴腐甜白葡萄酒，配上風味濃郁且厚重的藍黴乳酪，兩者甜味與鹹味強烈的碰撞對比，相互的調和，造就出衝突型美感。這種搭配方式正是餐酒搭配中所說的**「對比型風味配對」**(Contrasting Pairings)。

若要做到讓人印象深刻的對比型配對，就必須經過多次的實驗和驗證，否則，這種搭配萬一做不好，非常有可能像在感情中，會有突然失速的危險，讓雙方衝突一觸即發。

我們將在接下來的幾個章節，更詳細的講述餐飲搭配的邏輯與方法。

▲ 西班牙甜白酒也可搭配台灣臭豆腐。

〝
「一餐飯需有酒有肉，肉是物質層面的，酒是精神上的。」
—— *Alexandre Dumas* 大仲馬，
十九世紀法國浪漫主義作家
〟

2
Chapter

搭配之前

本章節將講述不同的味道是如何
組合成風味,也會介紹目前世界
上有那些專業餐飲人士在風味建
構上,提出了先驅的想法,並在
餐廳中加以執行。

此外,也會進一步認識那位
站在餐桌前,為賓客們服務
酒水,並且細心設計餐酒搭
配的特殊職人——「侍酒師
Sommellerie」。

CH2

搭配之前

開始一趟旅程之前，旅人必須先了解旅途中的細節，並做好萬全準備。同理，著手設計餐飲搭配前，則需先理解基礎的味道、風味的根本，及其相互影響與會出現的變化；認識基礎味道與配對原理後，在實際應用時，更能清晰與精準的規劃。

在這個章節我們會開始探討味道的本質，以及世界上執行餐酒搭配最知名的餐廳介紹，就讓我們加速啟程，走進餐飲搭配的世界中。

味道的基本與建構

美食學（食物與飲品的科學）最令人著迷之處，就是結合了各種不同的層面：用餐氣氛、服務、料理與飲品。當飲品與料理一旦完美結合，味蕾感受到的情境具有無與倫比的魔力。世界上許多優秀的餐酒搭配餐廳認為，要創造客人難以忘懷的美味經驗，酒食搭配是不可或缺的一環。廚師與侍酒師一起合作，找到最完美的搭配，激發出料理與飲品的最佳風味，期待兩者發揮一加一大於二的作用。

人類的嗅覺與味覺記憶，實際上比自己想像的還要優異，不經意入口的食物，其味道有時會瞬間帶出深埋內心的回憶。這可能是小時候家中長輩所做的菜餚之味，在初次舌尖接觸時，記憶住的口感；或是來自某種食材的香氣，它們總是緩緩勾引出曾經的深刻印象；也有可能是某次異國旅行時，感受到的那不同民俗風情飲食文化的瞬間。

味道正是如此迷人，當飲品與料理完美融合，即可迸發意想不到的效果。這種完美的搭配，是最容易讓賓客記住那美好餐飲體驗的時刻。為了讓賓客感到美妙的剎那，侍酒師因此不斷地努力用心，但在餐酒搭配裡，似乎永遠沒有終點。因此，持續地分享深刻體驗的酒食搭配，就成了侍酒師最美好的功課。

「風味感受」本身是一種十分複雜的神經反應機制，它實際上是由三個系統所組成：**嗅覺系統 (Olfaction)**、**味覺系統 (Taste)** 與**身體感知系統 (Somatosensation)**；當這三個系統受到食物的刺激，它們會將訊息傳遞至大腦，讓我們的大腦中產生**「風味感受」**(Flavor Perception)。

> 「將葡萄酒與菜品搭配的藝術，已經有相當長的歷史了，對於許多生長在歐洲的家庭中，有著長期葡萄酒飲用史的人，如法國、義大利、西班牙，以葡萄酒配餐，是一種耳熟能詳，且充滿幸福感的行為。」
>
> —— *Evan Goldstein,*
> *Perfect Pairings*《完美搭配》

| 鼻子與嘴巴相互連結 |

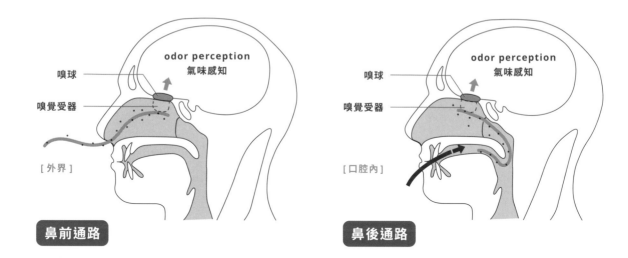

嗅球
嗅覺受器
odor perception
氣味感知
[外界]
鼻前通路

嗅球
嗅覺受器
odor perception
氣味感知
[口腔內]
鼻後通路

人類對味道的感受區可分為 **「甜、酸、苦、鹹、鮮」**，但嚴格說來，這只是使用口腔舌面所察覺到的味道；如果不屬於這五種味道，就不是味覺所能感受到的。我們在口中所感到的，不是氣味，就是質地。而將**嗅覺、味道與質地**這三種的感受組合起來，就成為一個大眾最熟悉的字——**風味 (Flavor)**。

當食物中的化學成分接觸到舌頭上的味覺受體 (Taste Receptor, TASR)，隨即引發神經機制反應，神經會將訊號傳遞到大腦後讓我們感受到味道。因此，當你鼻塞或感冒時，會發覺飲入口或食下嚥的食物，風味減少了非常多；因為你的舌面僅能感受到五個味道，就像是一幅美麗的彩色畫作，瞬間變成了一幅像似僅有描邊的黑白畫作，或是高解析度的照片降低成低解析度的照片。此時，世界頓時黯淡了下來，即使你品嘗多麼精緻美妙的食物，也會變得非常平淡無奇。其實，這正是我們最常忽略的「嗅覺」，它所帶給我們最重要的感官體驗功能。

你可以在朋友中做個調查，若要放棄五感中的其中一感（視覺、觸覺、味覺、聽覺與嗅覺），看看結論會如何？筆者曾對學生做過測驗，有超過七成的人，第一或第二個順位是選擇放棄嗅覺。但大多數的人可能不了解，我們所感受到的風味，有非常非常大的一部份是，當在口中咀嚼食物時，經由口腔的溫度與唾液，讓食物的味道上昇到鼻腔後方的鼻後嗅覺區 (Retronasal Olfaction)，才讓我們感受到絕大部分的風味。這也是為什麼品酒師在品嘗葡萄酒時會頭向前傾吸氣，或是咖啡師在杯測時會以啜吸來品鑑咖啡，甚至是吃日本拉麵時會吸湯麵品嘗的根本道理。

∫∫
「當氣味 Olfaction、味道 Taste 與質地 Somatosensation，這三種感受組合起來，就成為了——風味 Flavor。」
∫∫

∫∫
「我們在侍酒的時候，多半可以為顧客的餐食提供絕佳的葡萄酒搭配，讓客人嘗試前所未有的組合而享受到更出色的風味，並提升客人在食物與飲品上的經驗，讓他們感受到酒食是如何影響到彼此的風味。」
—— Andrew Dornenburg and Karen Page, What to Drink with What You Eat 《酒食聖經》
∫∫

[A _ 基本的味道]
◊ 甜味 Sweet Element

人類自出生就開始追尋糖分，它能提供人體能量，也讓人感受到愉悅的感覺。我們用「甜味」來形容糖類的味道，會讓人感覺有甜味的物質還包含蔗糖素、阿斯巴甜、代糖…等。因為糖是身體熱量──卡路里 (Calorie) 的直接來源，因此人類天生就喜歡攝取具有甜味的食物。許多食物本身即含有自然的甜味；例如，水果富含果糖，乳製品則富含乳糖。

當人體吸收到糖分後，體內的胰島素馬上就會分泌，這是身體吸收到碳水化合物的反應。舌頭上味蕾 (Taste Bud) 的感覺神經末梢，將味覺細胞接收到的訊號傳遞到大腦的味覺中樞；接著大腦再傳遞訊號到你的胃，胃就知道人體已經開始進食，於是胃酸便開始分泌。筆者在大學教書的實務課程中，學生最偏愛的酒款類型，不外乎是含有殘糖的酒款；例如，Moscato d'asti、Prosecco、Sauternes 等。基本上，初次嚐到甜味卻說非常討厭的人，大概絕無僅有；因為人類自出生第一口品嚐到的母乳或是牛奶，即帶有甜味與鮮味，它自然地讓人產生有安全感的感覺，這正清楚地證明，人類最早開發的味覺是甜味。

在餐飲搭配中，最適合搭配甜味的味道就是酸味，這兩種味道在自然界中本是相輔相成的；天然的水果在成熟過程，糖度會逐漸提高，酸度則會持續降低，當甜味與酸味達到平衡之際，就是所謂風味最均衡的時刻，這種階段一般被稱為糖度與酸度比 (Brix Acid Ratio) 或是酸甜平衡 (Brix-to-Acid Balance)，當代的食品業者、廚師、調酒師與釀酒師，也都非常關注甜度與酸度的平衡。

台灣早期曾經流行過，一杯手搖飲料中直接加入一整顆檸檬來製作，當時這杯令人印象深刻的飲品，蔚為風潮，消費者常常是大排長龍的購買。但幾年後，卻被報導出這樣一杯全檸檬飲品，為了要平衡飲料中整顆檸檬的酸度，必須要用到十三顆方糖。到後來健康意識抬頭的年代，這種高甜高酸的飲品也只能漸漸地退出市場。

「有些飲食偏好是天生且普世共通的，我們都喜歡帶甜味或鮮味的食物，也偏好有點鹹味的食物，但排斥太苦或太酸的食物。在演化的過程中，人類趨向取食熱量高的食物，避開有毒的食物，因此提高了存活機率。」
—— *Ole G. Mouritsen and Klavs Styrbæk, Mouthfeel : How Texture Makes Taste 《11感科學》*

搭配之前

CH
2

在甜味中，還有一種能造就美味的方法，當糖分加熱至120℃以上，開始融化後會出現驚人的轉變，從顆粒狀的白色結晶轉變成金褐色糖漿的過程，這正是料理手法或製作調味咖啡時，最讓人感到滿足的魔力之所在；焦糖化的化學反應，會產生褐色聚合物，散發著烘烤堅果時的香醇風味，而這一連串的複雜化學反應稱為「梅納反應」**(Maillard Reaction)**。這種將糖轉化成焦糖的魔法，創造出許多可口的食物；無論是焦糖化的肉類、烘焙麵包或餅乾，都是人類所迷戀的滋味。

說到甜味在餐酒搭配上，雖然，巧克力和紅葡萄酒是業界經常推廣的酒食搭配組合；但您必須要非常小心，若使用苦澀的黑巧克力搭配帶有甜味的紅葡萄酒，例如，用美國加州的晚採收 Zinfandel 紅葡萄酒來搭配巧克力，這種配對就非常和諧；但若換成甜味巧克力來搭配不甜的紅酒，那就是非常危險又不平衡的配對了。

甜味口感的菜餚較適合選擇微甜的酒，若搭配酸度高的酒款會使菜餚的甜味下降，也讓葡萄酒的酸味更加明顯。

帶有甜味的酒款或蔬果，是可搭配重鹹味菜餚。例如，風乾牛肉或義大利香腸 (Salami) 與哈密瓜的甜味可相互襯托，能同時品嚐到哈密瓜的甘甜與肉乾的芳香，是一種完美奇妙的經典組合。另外，鹹味較重的藍黴乳酪 (Bleu Roquefort)，也相當適合與甜酒搭配；由於藍黴乳酪香氣濃郁，很容易掩蓋掉普通白酒或紅酒的酒香，具果香與甜味濃郁的甜酒才不容易被搶味。

其他如口感強烈的鵝肝醬、Munster(Minschterkäs) 乳酪、Stilton 乳酪等，適合用麗絲玲或蜜思嘉等釀造的晚摘葡萄酒 (Late Harvest Wine)*，甚至是貴腐甜白葡萄酒 (Noble Rot Wine/Botrytis Wine) * 來搭配。而口感帶有微甜，用柑橘、蜜餞乾果類做為醬汁的烤肉或烤鴨，甚至是加了蜂蜜的叉燒，則可以選擇帶有甜感或是成熟度高的 Zinfandel 或是 Grenache 紅葡萄酒來搭配。

註 *

晚摘葡萄酒
(Late Harvest Wine)：
是讓葡萄在樹上持續成熟、延遲採收，提高糖度、降低酸度的一種作法，一般晚採收的葡萄糖分含量在 200g/L 上下。常見於德國 (Spätlese)、法國阿爾薩斯 (Vendage Tardive)、美國 (Late Harvest) 或其他國家。

註 *

貴腐甜白葡萄酒
(Noble Rot Wine/Botrytis Wine)：
是指一定要受到貴腐菌／灰黴菌 (Noble Rot / Botrytis Cinerea) 所感染的葡萄釀製而成的甜酒，才能被稱為貴腐葡萄酒，其葡萄糖分含量可能高達 400g/L 以上。貴腐甜酒常見於法國、德國、奧地利、匈牙利與澳洲的小部分產區。

搭配之前

 甜味 + 其他味道：酸味、鹹味、苦味、辣感　↓

 葡萄酒 + 甜味：苦味、酸味　↑　／　甜味　↓

  　／　

‡ 具有甜味的食物，搭配葡萄酒的注意事項：

⊘ 確保搭配的葡萄酒與菜餚的風味有相似之處，選擇微甜（或更甜）的葡萄酒，如法國 Loire Valley 的 Chenin Blanc 或德國的 Riesling，甚或是具有甜味的清酒。

⊘ 如果只能選紅葡萄酒，則挑選果味充沛或是成熟度高的酒款。

⊘ 有時帶有橡木桶風味的葡萄酒也可嘗試，只要橡木桶的甜香（香草、奶油風味）與菜餚和諧即可；但是這種搭配方式不一定每次都會成功，建議在做 Pairing 前，再次與廚師試過酒與料理的組合風味。

◊ 酸味 Acid Element

酸味能讓人的口腔分泌唾液，是「兩頰生津」一詞的由來。你可以很輕易的用大腦控制口腔分泌唾液，只需想像你正在吃一顆檸檬，神奇的是，口腔內馬上出現唾液的情況，口腔為了迎接即將入口的高酸食物，必須趕緊分泌唾液來平衡酸味食物。

另外，當你處於長時間無法飲水的情況，如運動或跑步，這時咀嚼口香糖或無籽檸檬，也能讓口腔分泌唾液，讓人降低口渴的感覺，達到長時間減少飲水的需求。

檸檬汁和醋是最常見的兩種酸性飲品，檸檬汁含有**果酸**，醋則含**醋酸（乙酸）**。適當的酸味會讓飲品變得十分可口且迷人，但是過高的酸味，卻會讓人感到驚嚇甚至導致身體不適。

幾滴檸檬汁，滴在新鮮海產上，可立即讓香氣與風味提升非常多，但若直接喝下一杯檸檬汁，過多的酸度卻不是每個人都能承受的。而那些需要長時間在常溫下保存的食物，也需有高酸度環境才能避免微生物產生。

人類自出生起就可感受到酸味，也是人體最早開發的味覺之一，因為食物中的酸味，可能反應出食材已經變質或有毒的警訊，因此人體對酸味是非常敏感的。若你給小嬰兒一片檸檬，他通常輕舔一口後會立即把它推開，這是因為人類本質上對酸味是有警戒性的。若參訪香檳酒莊，當品嚐到尚未乳酸發酵 Malolactic Fermentation 的基酒，那入口的酸度著實令人感到驚訝，若是持續大量品飲，甚至還有可能會對牙齒的琺瑯質造成傷害。

若說酸味與甜味是天生一對，那鹹味就是點綴酸味最精巧的配對。絕大多數人其實不知道，人腦經常混淆了酸味與鹹味，那是因為在舌面最敏銳的味蕾感覺受器區域，鹹味與酸味兩者的範圍是重複交疊的。酸味最敏銳的味蕾區域在舌頭兩側，甜味是在舌尖，鹹味的味蕾區則覆蓋了甜味與酸味的區塊，而苦味主要在舌根的部分。

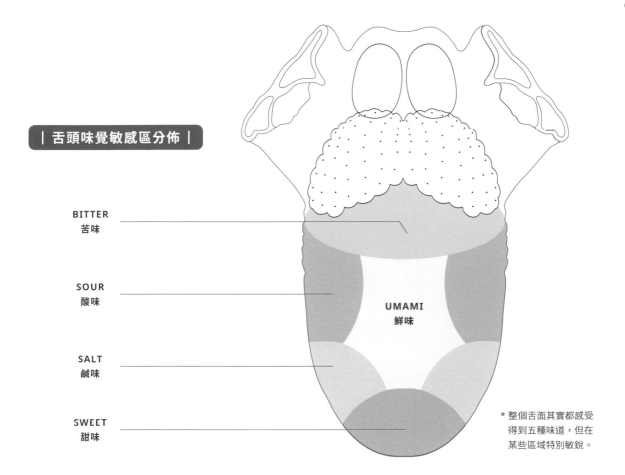

| 舌頭味覺敏感區分佈 |

BITTER
苦味

SOUR
酸味

UMAMI
鮮味

SALT
鹹味

SWEET
甜味

* 整個舌面其實都感受
得到五種味道，但在
某些區域特別敏銳。

直接來說，酸味與鹹味會同時啟動大腦部分相同區塊的機制；因此，酸味其實可以加強鹹味，而適當的鹹味也能提升酸味。當我們吃魚肉的時候，先擠滴上檸檬汁，會讓魚肉嚐起來滋味更飽滿豐富，也藉由檸檬汁中的酸味來均衡鹹味或油脂。

沙拉則是一種很難與葡萄酒搭配得很好的料理，但只要經由增加或減少沙拉中檸檬汁或醋的比例，調節料理中的酸度，其實就能夠讓搭配成功。有些酸會讓食物嚐起來爽口清爽，而酸度也是品鑑白酒口感的標準；過酸的白酒，口感是酸澀不悅的，過甜的白酒則讓口腔黏膩不清爽。適當的酸度是白酒的骨幹，沒有了酸度，白酒品嚐起來便相當平庸薄弱，所謂的平衡與和諧，關鍵就在此。

菜餚中的酸味若來自檸檬或醋，容易使單寧口感變得相當突兀，搭配時最好選擇等量酸度的葡萄酒，藉以平衡料理中的酸味。建議挑選單寧較薄弱、酸度較高的紅酒（多半產於氣候寒冷的地區，色澤較為輕淡，單寧的口感也較薄弱）；例如，布根地 Pinot Noir、薄酒萊 Gamay，或是義大利北部所產的 Schiava 等紅葡萄品種。

 酸味 + 其他味道：澀感、鹹味 ↑ / 甜味、油脂感 ↓

 /

 葡萄酒 + 酸味：甜味 ↑ / 酸味、苦味 ↓

 /

‡ 具有酸味的食物，搭配葡萄酒的注意事項：

⊘ 選擇同樣酸度，甚至是更酸的白葡萄酒來搭配，否則葡萄酒風
味就會不平衡。

⊘ 避免選擇搭配紅葡萄酒，除非本身是酸度較高的品種，如
Sangiovese、Pinot Noir 或 Gamay……。

⊘ 不甜的粉紅葡萄酒或氣泡葡萄酒，是可以選擇搭配的類型。

◊ 苦味 Bitter Element

人類對於苦味辨識的能力其實極為強大,是因為要避免誤食有毒的食物。而苦味的受器某部分其實與人體對辣的刺痛感功用相同,都是在警告大腦,身體正被攻擊,需要趕緊做好防禦的準備。

食物中的苦味來自於非常多的成分,跟甜味與酸味很不一樣,它包含胺基酸、酯、多酚、咖啡因(甲基黃嘌呤)……,這些物質都富含苦味。一般來說,苦味的食物若無其他元素來平衡,其實很難下嚥,但我們生活中常見的**咖啡、茶葉、紅葡萄酒**,卻是精心製作的苦味飲品。

巧克力也是苦味食物的代表,高比例可可含量的巧克力,其酚類化合物也會帶出極高的苦味。製作得宜的高品質巧克力,則成為帶有深邃苦味的美味食物。

咖啡的苦味會讓人提神,多數人以為是來自於咖啡因,但其實咖啡中的苦味只有百分之十來自咖啡因,其它百分之九十都是來自咖啡豆本身的綠原酸 (Chlorogenic Acid),當它在經過加熱後,轉變為帶有苦味的綠原酸內酯 (Chlorogenic Acid Lactone),則會帶出明顯的苦味,甚至持續加熱至深焙的咖啡豆後,更會帶出有焦苦味的苯基林丹 (Phenylindanes),這種令人感到十分不悅的苦味。

特別的是,苦味帶給人的感受也會隨著溫度的差異而不同;溫度越高,苦味的感覺會越溫和,而溫度越低,苦味的感覺就會越明顯。

有時,我們認為葡萄酒中的苦味是來自於未成熟的葡萄,或是未能在發酵前去除的葡萄梗或葡萄籽,但其實這是單寧質地上的表現。單寧與澀感並不是透過苦味受器來感受,而是經由觸覺訊息傳送到大腦的三叉神經。雖然在品嚐葡萄酒時,經常把單寧和澀感形容成苦味,但就生理上來說,其實**單寧、澀感是一種感覺,而不是味道。**有許多人經常也會將苦味與酸味混淆,那是因為許多酸味食物也帶著苦味,例如,葡萄柚、醋或是檸檬汁就是標準的例子。

以平衡的角度來說，苦味可透過增加其他對比的味道，如甜味、酸味或鹹味來降低其感覺。例如，烹煮芥菜可以加鹽或糖來調味，甚至可加入蜂蜜或是冰糖，它們都能平衡食物中的苦味。而調酒中最經典的 Negroni*，其實就是最標準的 **「甜、酸、苦」** 三方立面的平衡表現。

註 *————————
尼格羅尼 Negroni：
為一款源自義大利的經典調酒，使用琴 酒 (Gin)、 金 巴 利 (Campari) 與甜香艾酒 (Sweet Vermouth)，以攪拌法調製，入口帶著均衡的甜味、平衡的苦味以及高酒精濃度表現。

 苦味＋其他味道：澀感 ↑ / 甜味、鹹味、辣感 ↓

  /

 葡萄酒＋苦味：苦味、澀感 ↑

‡ 具有苦味的食物，搭配葡萄酒的注意事項：

⊘ 選擇帶有甜感的葡萄酒（帶有糖分或新橡木桶陳年的白酒都有
　 此效果），來對應料理的味道。

⊘ 可搭配高酸度葡萄酒，酒中的酸味會平衡苦味，如上文提到的
　 葡萄柚或咖啡，正是苦味與酸味平衡經典的例子。酸味會讓苦味
　 感受減低，並帶來更明亮的感覺，而適度的苦味也會增加餘韻。

◊ 鹹味 Salt Element

甜味是糖類分子的味道，鹹味則是**「鈉離子」**的味道，氯化鈉是鹽最常見的形式，許多食物本身就含有鈉離子，例如海鮮或芹菜。

鹽的攝取攸關生死，嚴重缺水的人體會非常渴望喝水；鈉這種礦物質出現在大自然非常多地方，是調節細胞水分平衡的重要因子，在神經系統和肌肉收縮功能上扮演著關鍵角色。但是人體無法儲存過多的鈉，因此需要不斷地攝取含有鹽分的食物。若人體內鈉含量太高，心臟與腎臟也會自動的調節，將水稀釋進入血液維持鈉值平衡，但如過多的水進入身體的動脈與靜脈，人體循環血量一旦過高，這種情況就會導致高血壓。

鹽也可使肉類品嚐起來更加甜美，將食物浸泡鹽水 (Brining)，透過滲透作用，自然迫使水分子從含量較多的地方──「鹽水」，穿過薄膜，移動到含量比較少的地方──「細胞」裡面。水從相對含量比較多的溶液，移動到相對含水比較少的溶液裡的過程叫作「滲透」，而迫使水分子穿透薄膜的壓力為「滲透壓」，透過滲透效果，增加了蛋白質保有水分的能力，因為保有更多水分的蛋白質結構會膨脹且更柔軟，所以肉質也會更嫩。

鹹味也會彰顯其他食物的滋味，例如，哈密瓜與風乾火腿的組合，火腿的鹹味，使哈密瓜的甜味顯得更為突出，口感相當迷人。又如台灣傳統的芭樂沾梅粉的吃法，讓水果嚐起來滋味更豐富、立體。在許多歐洲經典名菜的搭配中，鹹味菜餚配上甜味的酒類，常被奉為圭臬；例如，法國的藍黴乳酪與 Sauternes 貴腐甜酒，就是鹹味食物與甜味酒款最經典的搭配。

微鹹的菜餚，可以選單寧較少、酸度較高的紅葡萄酒，能使整體口感趨於均衡。鹹味食物基本上雖不會與其他味道發生嚴重的對立，但有時卻可能讓帶有橡木味的葡萄酒風味變得怪異，也常會將紅葡萄酒中的果味抵銷，並轉變成高酒精且帶有一些苦味的葡萄酒。鹹味給人的感受也會隨著溫度的差異而不同，如同苦味，一般來說溫度越高，鹹味的感覺會越少，而溫度越低，鹹味的感覺就會越明顯。

氣泡葡萄酒是另一種能夠與鹹味、油炸食物配對的完美選擇。酒中的二氧化碳與酵母風味，它們就如同啤酒一樣，能從口腔中清除掉過高的鹹味，同時添加更多有趣的質地和風味。鹹味也是生蠔、貝類等海鮮的主要風味，酸味葡萄酒可以清除鹽分並平衡海鮮中的海洋風味。

最後，搭配鹹味料理的酒款有不甜香檳，尤其是當作開胃酒或搭配前菜都很合適，因為鹹味會降低高酸度的香檳氣泡酒，也會讓香檳些許的甜味更加提升。另外，不甜的雪莉酒，例如 Fino* 或是 Manzanilla*，也相當適合搭配醃製過的橄欖，或是帶有鹹味的西班牙下酒菜 Tapas。

註 * ───────

Fino：

為不甜類型的雪莉酒，主要生產自西班牙南部的 Jerez 地區，以 Palomino 白葡萄釀製，釀酒時酒液會與酵母 (Flor) 長時間接觸，帶出明顯和有個性的酵母風味。

註 * ───────

Manzanilla：

是屬於 Fino 雪莉酒類型的一種，特別是指生產於靠近海邊的 Sanlúcar de Barrameda 城市釀造的 Fino 類型，才能夠稱為 Manzanilla。因為更靠近海洋，因此發酵時的酵母層 (Flor) 會更厚，香氣也會更豐沛。

搭配之前

  鹹味 + 其他味道：甜味、酸味 ↑ / 苦味 ↓

　　　　　　　　/　　　　　

 葡萄酒 + 鹹味：甜味、酒精感 ↑ / 酸味、苦味、澀感 ↓

　　　/　

‡　具有鹹味的食物，搭配葡萄酒的注意事項：

⊘　由於酒精感會被鹽分加強，因此可以選擇酒精度適中或偏低的
　　酒款。

⊘　選擇帶有一點甜味的葡萄酒，鹹、甜一直是最合拍的組合。

◊ 鮮味 Umami Element

鮮味是基本味道的第五味，也是日本料理的核心味道。Umami 源自日文（日本漢字為「旨味」），是日本人池田菊苗 (Kikunae Ikeda) 教授，於 1908 年，自昆布海帶湯中發現的第五個味道。其實，鮮味就是麩胺酸 (Glutamates) 的味道，Umami 最充足的食物即菇類與藻類，**麩胺酸鈉 (Monosodium Glutamates(MSG))** 也正是我們所說的味精，常在生活中用於食物的調味。

鮮味在西方料理中一直有被注意到，但它就像一位人家都認識的鄰居，卻不知其名字一樣。這個味道早期在英文中，一般會使用 **「Savory（美味、可口）」、「Meaty（肉味）」或「Full flavor（滋味飽滿）」**……來表示。直到「Umami」一字在 1908 年被定義（發現）之後，大家才為它決定了表述的方式。法文中常說的「Terroir（風土）」也是一樣的道理，在這個字出現前，法國人都理解環境氣候與地質土壤會對農作物有所影響，但卻沒有一個單字可以明確地表達出其意境。日本人不需解釋就能聽得懂 Umami 的含義，就像法國人理解 Terroir 一樣，但這兩個極其簡單的單字，卻需要一整本專書才能清楚解釋它們的精髓意義。

天然食物中許多蛋白質都富含麩胺酸，包含肉類、起司、鯷魚、番茄、蘑菇，它會讓食物品嚐起來更加美味且滋味豐富。尤其是，有些食材經過熟成之後，食物中的鮮味會翻倍增加，其中特別明顯的食材，有義大利的帕馬森起司、番茄或熟成的牛肉。熟成這點更是深深地影響餐飲搭配的關鍵，我們將在第四章專文談論（參考 P171）。

考古學家曾發現，早在古羅馬時期，就有食用發酵魚露 (Garum) 的證據，這代表在凱撒大帝的時期，已經有人開始製作如現在東南亞重要的飲食聖品──發酵魚露汁。

「鮮味 (Umami) 可加強甜味與鹹味（在濃度適當的前提之下），且減低酸味與苦味的感受。」

〔〕
「我相信至少還有另外一種味道與四種味道截然不同。它是讓我們感覺到『鮮味』（多汁、肉味或鹹鮮味）的奇特味道」
── *Kikunae Ikeda 池田菊苗，「鮮味」發現者*
〔〕

搭配之前

〔〕
「鮮味的濃縮與增強核心在於『發酵』與『熟成』」
〔〕

CH 2

最近在世界調酒的領域，也非常盛行製作 **「鮮味發酵液」**，但這並非新鮮事，大家都耳熟能詳的調酒「血腥瑪麗 (Bloody Mary)」，其實就是鮮味極致的代表飲品；酒譜配方中需使用一份熟成且鮮味十足的番茄汁。當番茄成熟時，果實中的麩胺酸就會大量增加。

筆者曾品嚐過最鮮美的一杯 Bloody Mary，是在東京銀座的 Bar High Five，由上野秀嗣 (Hidetsugu Ueno) 先生調製；他選用日本在地、熟成到最完美狀態、鮮味滿溢的新鮮番茄，再加入最重要，也充滿鮮味的伍斯特醬 (Worcestershire sauce) 與 Tabasco 辣醬。這三個元素就是這杯調酒最核心的靈魂，加入伏特加酒其實只是讓它變成有酒精的飲品，而芹菜根的功能只是用於清口。

因此，我們由這杯調酒就可以理解，**鮮味的濃縮與增強核心在於「發酵」與「熟成」**。鮮味物質越接近濃縮，在食用上的量就會減少，就像是濃縮高湯一般，只需要一點小份量，整道大菜就滋味豐富。

若以東方代表的料理來介紹鮮味，除了日本的高湯外，台灣的傳統食材 **「陳年菜脯——黑金」**，即是標準範例。以陳年菜脯燉煮的菜脯雞湯，或是加入小魚乾與菜脯的苦瓜排骨湯，皆是最經典的鮮味料理，廚師只需要加入一點點老菜脯與風乾小魚乾，就能讓湯品嚐起來有「滿口感」(Mouthfulness) 的滿足。這正是以鮮味食材，讓料理增加深度、圓潤感和可口滋味的秘密。

西方鮮味料理的代表是，美國西岸主打鮮味的漢堡店「UMAMI BURGER」，這間漢堡店就是一間透過對鮮味食材的理解，又將其發揮到極致的餐館。這裡的經典漢堡，使用了**熟成香菇、焦化洋蔥、炙烤番茄、熟成帕馬森起司、熟成番茄醬，與煎至焦香的熟成漢堡肉**組合而成，發現了嗎？整個漢堡中的食材都是滿滿的鮮味。不出所料，UMAMI BURGER 一開店就在美國爆紅，榮登美國西岸最好吃漢堡的美譽。其實這就是利用當地人不熟悉的風味，結合當地熟悉的漢堡料理，而創造出獨樹一格風味的一種手法。

〟

「我希望將最極致的鮮味加入到美國人熟悉的漢堡當中，因此我研究富含鮮味的食材，並思考如何做出最多 UMAMI、最鮮美誘人的漢堡。」

—— *Adam Fleischman,*
Umami Burger CEO

〟

 鮮味 + 其他味道：甜味、鹹味 ↑

 葡萄酒 + 鮮味：酸味、苦味 ↑ / 甜味 ↓

    /

‡ 具有鮮味的食物，搭配葡萄酒的注意事項：

⊘ 若是海鮮，可選擇帶有酸味的葡萄酒，就將葡萄酒當做食材的醬，可想像將鮮味扎實的生蠔，加上含有酒精的冰涼檸檬汁。

⊘ 可搭配具有酵母熟成風味的酒款，如 Fino Sherry、Vin Jaune 或晚除渣香檳，這些都是不錯的選擇；清酒則是更安全的搭配。

⊘ 避免搭配有著濃郁橡木桶風味或高單寧的酒款。單寧會與海鮮裡的碘相互作用，搭配起來會有金屬味或鐵鏽味。

[B _ 其他風味與質地]

◊ 脂肪 Fat Element

脂肪（油脂）與水、蛋白質、碳水化合物、礦物質、維生素並列為食物六大營養素，也是人體維持生命所依賴的物質，特別是脂肪，它能為人體儲備能量，並有助於營養吸收及新陳代謝。

脂肪（油脂）其實也是人們最喜歡的食物風味之一，在肉類和乳製品食物中都含有很高的脂肪量。對人體來說，若脂肪和鹽吸收過量會有害健康，但它們卻都是人類賴以為生的物質。

一般來說，「脂肪味」屬於有被認可的第六種味道，但它在科學界尚未完全被接受，然而「脂肪味」極有可能成為繼鮮味 (Umami) 之後，第六個被認可的味道。

當酒與高脂肪食物搭配時，要特別注意，必須以酸度來平衡食物中的脂肪。你可想想，為什麼我們吃油膩食物時會喝冰涼且高酸的飲品，其實是利用酸度來切割脂肪。

除酸度之外，也可利用丹寧來結合脂肪，以平衡油膩感，或以酒中的酒精來與相匹配的脂肪重量感之料理做搭配。這就是為什麼牛排的經典搭配，是用 Cabernet Sauvignon 為主的濃郁紅葡萄酒，因為牛排的蛋白質和脂肪會使葡萄酒強勁的單寧變得柔和，紅酒中的酒精感也可與濃厚牛排的重量感匹配，最後，葡萄酒中的果味、木桶味，與牛排的煙燻味和肉味剛好達到完美的結合。

〟

「游離脂肪酸並不會啟動其他四種感官，似乎另有受體可以捕捉到這些獨特的脂肪酸刺激。」

——— *Richard D. Mattes,*
營養學家 *, Purdue University*
營養科學系教授

〟

 脂肪 + 其他味道：酸味、辣感 ↓

 葡萄酒 + 脂肪：澀感、酒精感 ↓

‡ 具有脂肪味的食物，搭配葡萄酒的注意事項：

⊘ 可以使用高單寧的紅葡萄酒，用於平衡脂肪味。

⊘ 高酸度與帶有氣泡感的飲品，也可讓脂肪味食物風味平衡。

◊ 辛香料 Spice Element

辣不是味道，辣其實是一種感覺（痛覺）。若還不能理解的話，試想，當你在擠檸檬汁或製作料理時，或當糖或鹽接觸到肌膚，你的皮膚並不會感覺到酸味、甜味或是鹹味，那是因為肌膚上沒有感受味覺的受器；但當辣椒接觸到皮膚時卻會出現刺痛感，那是因為辣椒中含有辣椒素 (Capsaicin)，它會產生強烈刺激性，使人體感覺到灼熱感。當味蕾接觸到辣椒素的時候，大腦會立即釋放腦內嗎啡 (Endorphin) 來讓身體止痛，接著因為大腦意識到身體正受到「攻擊」，因此便會命令全身戒備，並且讓心跳加速、唾液或是汗液分泌增加，其實這與人在生活中瞬間遇到威脅的感覺類似，例如遇到敵人或是瞬間發生出乎意料的危險狀況。

辣除了會讓人感到疼痛之外，同時也會受到酒精及澀感的影響而加強，因為酒精和單寧會刺激味蕾讓其更加敏感，因此辛辣、刺痛的感覺也會更加強烈。當喝到高酒精的烈款或濃郁帶有橡木桶風味的紅葡萄酒，經常會嚐到更多辣味；若希望減辣，可挑選酸度高或甜度高的飲品來中和。另外，辣感同樣會隨著溫度的差異而給人不同的感受，通常溫度越高，辛辣感強度就會越強，而溫度越低，辛辣的感覺就會越降低。

辛香料則與辣感不同，香料通常來自於植物的樹皮、種子或根部，時常帶有苦味與刺激性，能增強料理的深度與個性。有時主廚或調酒師為了帶出作品中有趣的火花，會在料理或飲品中低調的藏入辛香料。

位於日本新宿 Bar Benfiddich 酒吧的調酒師鹿山博康 (Hiroyasu Kayama)，則以自己獨特版本的 Campari，完成了一杯以辛香料作為代表的調酒。他使用了當歸根、菖蒲根、東加豆、小荳蔻、肉桂、芫荽子與丁香，並以胭脂蟲帶出紅色色澤，製作出一杯藥草與辛香料完美結合的 Fresh Campari Cocktail，但卻沒使用到 Campari Liqueur 製作。

 辣感 + 其他味道：澀感、酒精感　↑

 葡萄酒 + 辣味：苦味、酒精感　↑ ／ 甜味　↓

‡　具有辛辣感的食物，搭配葡萄酒的注意事項：

⊘　菜餚越辣，越難搭配葡萄酒，建議用低酒精的年輕葡萄酒，例如沒有橡木桶陳年的葡萄酒，或是挑選帶有糖分的葡萄酒。

⊘　氣泡酒有時會強化辣的感覺，如果帶有高酸度，才有可能做到較合適的搭配。

⊘　避免搭配有著濃郁橡木桶風味，或高單寧、高酒精的酒款，因為辣感會加倍提升。

◊ 質地 Texture Element

質地分為兩個區塊,第一是重量感,即酒類品飲上所說的「酒體」,其中主要包含飲品中的甜度與酒精濃度,若是越甜的飲品或酒精含量越多的酒品,重量感就會越重。

甜度與酒精之外,其實葡萄酒在發酵時,酵母除了將糖分轉換成酒精與二氧化碳外,也會在發酵過程中產生甘油 (Glycerol) 的成分,甘油會讓葡萄酒帶有更濃郁厚實的口感。相反的,在之前鹹味章節提到的 Fino 不甜雪莉酒,則是於釀造時讓酒液長時間與活酵母接觸,此時活酵母 (Flor) 會逐漸地將酒中剩餘的糖分與甘油消耗殆盡,因此,Fino Sherry 因為缺少了甘油,會比一般的白酒更精巧和完全不甜。

討論到質地與酒體的連結,餐酒搭配很重要的一點,在於料理與酒款的重量感要一致,就像拳擊比賽要區分量級;因為,若是重量級選手遇到羽量級選手,那基本上是完全無法平衡的配對,質量輕的一方,只有被輾壓的份。

第二,質地包含品嚐起來的食物或飲品狀態。同樣的牛肉,生食(生牛肉塔塔)或煎至焦香(烙烤牛排),在質地上差異巨大。所謂的「分子料理」或「分子調酒」,也是在利用口腔(甚至是觸覺)對於飲品的感受,以提升飲食體驗。許多人喜愛飲用香檳搭配魚子醬,正是藉由質地上的對稱(魚子醬與香檳皆有氣泡與顆粒口感)來做到互相對應。

筆者其實更偏好以冰凍的伏特加搭配魚子醬,高酒精的伏特加在冰凍後,由於酒精不會結凍,反而轉為具備油脂感的質地;以此與魚子醬一起享用,被冰凍油脂質地包覆的酒,會在口腔完美裹住魚子醬,接著透過口腔將伏特加升溫,魚子醬的鮮味與伏特加的甘美醇厚,在此刻完美結合。

酒精因為凝固點較低,0°C 時仍然能保持液態,但卻帶有油脂質

「成功膨起的舒芙蕾和塌掉的雖然都可以吃,但口感卻天差地別。」
——— Ole G. Mouritsen and Klavs Styrbæk, Mouthfeel : How Texture Makes Taste《口感科學》

地，濃度越高的酒精，結冰的溫度也要更低。純乙醇的結冰溫度為 -114.5℃。因此，摻入乙醇量多的話，會使酒精整體的凝固點降低，使其更不易結凍。一般家庭用的冷凍庫，最低大約能達到 -18°C，根據下列的對應表，只有酒精濃度在約 30 度以下的酒類能被冷凍。

因此，在做完風味的配對後，請不要忽略質地或重量感的問題。另外，質地並不是只包含重量感，它也包含對立方向的搭配方法。我們會在後面的章節來做討論。

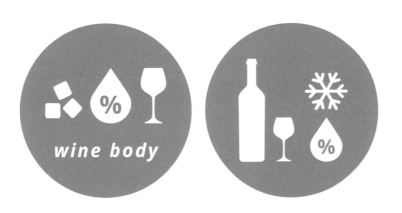

%（酒精濃度符號）	酒精濃度	結凍溫度	❄
	15 度	-7°C	
	20 度	-11°C	
	40 度	-31°C	
	60 度	-44.5°C	

搭配之前

CH 2

◇ 燙口食物 Hot Food

食物最剛好適口的溫度，差不多是接近人體的體溫，約莫 35℃～ 37℃，過高的溫度容易燙傷口腔及食道。我們常說「趁熱品嚐」， 那是因為有些料理回到常溫後，會變得沒那麼可口；又如油炸類型 的料理，當回溫後會出現油膩與軟爛的質地。

燙口食物經常出現在中菜，若燙口的是湯品類料理，其高溫則會對 含有酒精的飲品造成很大影響；最明顯的就是提高酒精的揮發效果， 讓酒氣強烈、刺激且難以入喉；其次則是對質地造成了變異，因為 湯品同樣也會稀釋掉飲品的濃郁度。

因此，當我們做餐酒搭配時，必須非常謹慎地看待滾燙食物溫度的 影響，若是一定要搭配，也可以思考，讓酒精飲品成為料理的醬汁， 以這個方法來做配對；例如，在菜餚中加入少許高酒精飲品，像是 加入些許威士忌、白蘭地或桶陳烈酒至濃湯當中，或者加點紅葡萄 酒於鐵板料理中，都能夠透過高溫，帶出獨特的酒香，接著等溫度 降低，接近人體體溫後，再來品嚐將更為合適。

‡ 燙口食物搭配葡萄酒的注意事項：

⊘ 等菜餚冷一點再食用，否則酒精的嗆辣感會變得非常強烈、不平衡。

⊘ 如果菜餚必須滾燙上桌，就需要搭配冰鎮過的葡萄酒款。像是帶有酸度或甜度的冰涼氣泡酒，例如 Prosecco、Moscato d'Asti、Asti，或是清爽的白葡萄酒，例如日本的甲州白葡萄酒、義大利北部的 Pinot Grigo 白葡萄酒或德國的 Riesling 白葡萄酒。

避免的搭配與危險配對

如法文所說，最美好的料理與飲品配對如同婚姻，在做料理與飲品的媒合之前，最重要的絕對是先排除可能發生的危險情況，就像在挑選另一半，要先排除互相絕對無法接受的事。

在料理搭配中，經常發生各種令人捏把冷汗的危險情況，最容易出現的危險搭配，就是當富含鮮味 (Umami) 的食材，遇到含有單寧成分的葡萄酒時，海鮮會引出令人感到不悅的鐵鏽味或腥味，即使它是一瓶美妙又昂貴的橡木桶紅葡萄酒，搭配到錯誤的海鮮食材，都會瞬間讓兩者的風味破壞殆盡。

再者，若餐酒配對如同婚姻，那麼接下來互相就要了解宗教信仰與國籍認同，這種搭配狀況就像是酸味重或甜味多的料理，必須搭配酸度或甜度互相平衡的飲品；若是食物比飲品更酸或是更甜，配對上很容易出現失衡的情形，甚至，若料理與飲品出現過大的酸味或甜味差異，可能會引出令人感到不悅的苦味。

最後，我們可以再思考兩者學經歷、價值觀、生活習慣甚至是興趣愛好，若是越一致，那麼成功配對的機率也越高，這便是找尋料理與飲品配對的秘訣。

舉個例子，法國 Alsace 知名的 Gewurztraminer 白葡萄品種的代表香氣，是荔枝與玫瑰花氣息，若是一道甜點或料理中，特別設計加入荔枝、熱帶水果元素與玫瑰花的點綴，那麼與 Gewurztraminer 配對上絕對是非常契合的。

或是法國 Loire Valley 的 Sancerre 產區的白葡萄酒，本身就帶有許多青草或草本類的氣息，這種酒款與沙拉或新鮮牛奶起司，也會是非常和諧與一致的配對。我們可用這種媒合雙方的模式思考，來為料理與飲品互作配對，相信最後一定能找到門當戶對的那位靈魂伴侶。

> 「食物和葡萄酒就像是男人和女人關係一樣微妙，是互斥或相吸。想像一下，倘若沒有感情又無進一步發展的二人沿著河邊迎向晚風散步，那種感覺看似浪漫，但卻是僅此而已。」
> —— *Alain Senderens*,
> 法國名廚

> 「飲酒的目的是讓人們感到快樂，最美好的事物並不是葡萄酒本身，而是透過葡萄酒與另一個人產生連結。葡萄酒是一座橋，我們之所以跨過這座橋，是為了與他人建立情感上的連結。」
> —— *Andrew Dornenburg and Karen Page, What to Drink with What You Eat* 《酒食聖經》

◇ 危險搭配

料理主要風味	錯誤飲品風味	危險配對範例	影響
鮮味	高單寧 橡木桶	新鮮生蠔 搭配 波爾多紅葡萄酒	出現腥味與鐵鏽味
甜味	高單寧 低甜度	馬卡龍甜點 搭配 波爾多紅葡萄酒	更苦與更酸
酸味	低酸度	泰式酸辣海鮮湯 搭配 日本甲州白葡萄酒	風味平乏 缺少活力 且掩蓋掉飲品風味
苦味	高單寧 低酸度	朝鮮薊 搭配 波爾多紅葡萄酒	更苦與更澀
辣感	高單寧 高酒精	麻辣鍋 搭配 澳洲 Shiraz 紅葡萄酒／威士忌	更辣與更苦 灼熱感與酒精感 增加
油脂	高溫 低酸度 高甜度	炸雞 搭配 常溫甜酒	更油膩 風味平乏缺少活力

知名的餐酒搭配餐廳

在第一章中談到餐酒搭配的歷史，早在 1985 年，法國名廚 Alain Senderens 就在米其林餐廳，正式將精緻的法式料理與葡萄酒做了精準配對。接下來，西班牙「El Bulli」餐廳與「El Celler de Can Roca」餐廳，也陸續提出料理與飲品搭配的看法，甚至還製作了餐廳獨家的啤酒銷售到全世界。

2007 年，巴黎出現一間非常特別的餐廳──Il Vino d'Enrico Bernardo，這是一間一切只為了酒的理念而設計的餐廳。Il Vino 餐廳打破了料理與葡萄酒的主從關係；當你進到餐廳後，侍者（基本上都是侍酒師或助理侍酒師）會先詢問你想喝什麼酒，接著才開始推薦適合此酒的料理來做搭配。這間餐廳業主，就是世界知名的侍酒師──Enrico Bernardo。

Enrico 絕對算是世界級的傳奇侍酒師之一，他曾贏得 1996 年與 1997 義大利最佳侍酒師頭銜，接著在 2002 年勇奪歐洲最佳侍酒師，然後如同旋風般的在 2004 年，成為史上最年輕（27 歲）就拿下葡萄酒界最高榮耀的世界最佳侍酒師 (The Best Sommelier of The World) 頭銜。在榮獲侍酒師界最高榮耀後，緊接著 Enrico 在巴黎市區，打造了這間他心中理想的葡萄酒餐廳──Il Vino d'Enrico Bernardo，為當代餐酒搭配向前跨出了一大步。

除了 El Celler de Can Roca 和 Il Vino d'Enrico Bernardo 之外，世界上還有幾間特別的餐廳，是以餐酒搭配為核心理念，讓我們來介紹一下這幾間在餐飲搭配上知名的餐廳。

▲ El Bulli 餐廳啤酒

〞

「我曾經讀到一句很有趣的話，說明了我為何願意大費周章去搭配食物跟葡萄酒……『每道菜都有最適合的飲品，但對大多數人而言，人生苦短，根本無暇找到它。』正是因為人生苦短，所以需要專業人士來為大家代勞，這就是我的工作。」

────Joe Catterson,
　　　Alinea 餐廳首席侍酒師

〞

◊ 法國──**Le Bistrot du Sommelier Paris**

位於法國巴黎的侍酒師小館 (Le Bistrot du Sommelier Paris)，
業主在世界上的名氣並不像餐廳名字一樣低調，老闆是法國
人 Philippe Faure-Brac，1992 年世界最佳侍酒師大賽的冠軍
得主，也是現任法國侍酒師協會 (Union des sommeliers de
France(UDSF)) 的會長，於世界餐飲與侍酒師領域非常活躍。

他所開設的侍酒師小館，筆者多年前到訪時，雖是一間小小的餐廳，
卻有非常多位專業侍酒師，提供完整且有趣的餐酒搭配菜單，甚至
餐廳還做了許多在當時較少人敢嘗試的湯與葡萄酒搭配。

Philippe Faure-Brac 常在餐廳舉辦不同類型或主題的餐酒會，雖
然在世界各地的行程非常忙碌，但他在餐廳中挑選了很多獨特且少
見的酒款；而餐廳中搭餐酒款也不僅限於法國酒。雖然餐點菜色為
小酒館型態，不過在侍酒專業與葡萄酒的挑選上，是一間受到世界
愛酒人士注目的餐廳。

搭配之前

 Le Bistrot du Sommelier Paris

A D D / 97, bd Haussmann – 75008, France

T E L / +33 1 4265-2485

EMAIL / bistrotdusommelier@orange.fr

http://bistrotdusommelier.com

CH2

◊ 美國──Lazy Bear

在美國加州的米其林二星餐廳 Lazy Bear，是一間追尋極致餐飲體驗的代表，這間擁有 40 個座位的餐廳，配置有 10 名專業侍酒師，其中還包括兩位侍酒大師 (Master Sommelier)，在主廚 David Barzelay 的菜單中有兩套餐酒搭配，一套是經典搭配 (Beverage Pairing)，另一套則是進階搭配 (Reserve Pairing)。餐廳有兩種不同的搭餐套酒，每套總共有九杯餐酒；從迎賓的經典香檳開場，到入座用餐時的世界各國、新舊世界的精選酒款，葡萄牙、奧地利、法國到本地的老年份加州好酒，都以完美的餐酒搭配方式出現在餐會當中。

令人讚嘆的是，所有餐酒搭配都非常「完整」；無論是利用酸度來均衡料理中的油脂，或是透過酒款特性帶出食材中特殊的香氣，Lazy Bear 餐廳都精確地做到了。餐後與主廚 David Barzelay 聊天才了解，原來主廚也具備 Court of Master Sommeliers 認證侍酒師 * 的證照。他在每天的餐酒搭配中（Lazy Bear 餐廳每晚的 Wine Pairing 都不相同），主廚會與侍酒師團隊一起討論如何選擇搭餐的酒款，透過主廚逆向看餐飲搭配的角度，就能提升更多料理的新高度，也會帶給顧客更精確、完整又全面的餐飲體驗。

註 *

Court of Master Sommeliers (CMS)─
侍酒大師公會，1977 年成立於英國倫敦。CMS 於世界各地舉辦侍酒師證照考試，共分四個等級，其中最高階的 Master Sommelier 侍酒大師考試，也被稱作世界最困難的考試之一，當今僅有 269 位擁有 Master Sommelier 侍酒大師的頭銜。

 Lazy Bear

ADD / 3416 19th Street, San Francisco, CA 94110

TEL / +1 415-874-9921

EMAIL / contact@lazybearsf.com

https://www.lazybearsf.com

◊ 日本──L'Effervescence

位於東京表參道／西麻布地區的 L'Effervescence，是近期亞洲非常受到注視的餐廳，由主廚生江史伸 (Shinobu Namae) 所領軍。Chef Namae 創作了非常多經典料理；例如，他的代表菜色──烤蕪菁前菜，這是一道一年四季皆以相同作法的料理，但因為每個季節的氣候不同，蕪菁也表現出不同的質地與姿態，Chef Namae 以這道菜，讓賓客們反思人類與大自然之間的關係。主廚生江史伸本身也是一位非常懂得品鑑葡萄酒的料理人，尤其特別喜愛較少添加硫化物的自然酒 (Nature Wine)，因此在餐酒搭配上，L'Effervescence 主要都是挑選自然酒做搭餐，甚至在廚房內自製蔬果發酵汁，做為搭餐使用。

在搭餐酒款的挑選上，餐廳也特別規劃出兩種截然不同的風格，一種是國際搭餐酒款 (International Wine Pairing)，侍酒師與主廚挑選來自世界各地的自然葡萄酒佐餐；另一種則是日本本地的搭餐酒款 (Japanese Beverage Pairing)，僅挑選來自日本國內的各種酒款，作為搭餐品飲。不只包含了日本現正流行的北海道自然葡萄酒，也有許多少見的清酒或果汁，讓顧客選擇不同體驗。L'Effervescence 也於 2021 年榮獲米其林三星的肯定。

 L'Effervescence

ADD / 2-26-4 Nishi-azabu, Minato-ku Tokyo,106-0031

TEL / +81 3 5766-9500

EMAIL / info@leffervescence.jp

http://www.leffervescence.jp/

◊ 香港──VEA Restaurant & Lounge

VEA Restaurant & Lounge 是近幾年亞洲最受到關注的餐酒搭配餐廳之一，位於香港的 VEA(Vicky et Antonio)，主廚 Vicky 與調酒師 Antonio，是代表餐廳的兩位靈魂人物。

主廚 Vicky 以精準的法式料理手法，呈現香港本地的食材與飲食風情；而知名的調酒師 Antonio，依照菜色，構思出一杯又一杯的代表作品。

當以雞尾酒搭餐時，將以料理搭配料理的概念出發，Antonio 融入了許多中式飲品的元素；例如，紹興酒或是華麗的煙燻氣息調酒，讓 VEA Restaurant 的餐酒體驗非常具有個人風格。在調酒之外，餐廳的侍酒師 Alex，也承襲了 Antonio 調酒上多變的風格，精選許多世界上少見的葡萄酒，讓料理與飲品的風情更加豐富迷人，我們也將在第六章介紹幾款調酒搭餐的範例。

 VEA Restaurant & Lounge

ADD / 30F, 198 Wellington Street, Central, Hong Kong

TEL / +85 2 2711-8639

EMAIL / restaurant@vea.hk

http://www.vea.hk/

侍酒師的歷史與文化

前文詳細介紹了餐飲配對的歷史、風味的來源與餐酒搭配餐廳，接著，我們來認識為餐飲型塑完美體驗的重要職人──侍酒師 (Sommellerie)。

侍酒師這個專有名詞，在法國中古世紀時最早的原意為「Somme」、「Carga」，是指運送葡萄酒的容器；為貴族照顧那些最有價值、最珍貴葡萄酒的人，則稱為 Sommellerie（照顧葡萄酒桶的人）。法文 Sommelier（簡稱 Somm），一般通指男性侍酒師，女性侍酒師則稱為 Sommelière。

現今，Sommellerie 不僅是一種職業名稱，也可能是一個學位頭銜，如侍酒大師 Master Sommelier 學位；或是一種餐飲專業的職位，如清酒侍酒師 Sake Sommelier，或近代出現的侍茶師 Tea Sommelier 與侍水師 Water Sommelier 等。

侍酒師受過極專業的酒類知識與實務訓練，他（她）不僅能品嚐分析各種酒款的風味與品質，並管理酒窖、建構酒單、負責酒水營運，且能夠在料理及酒品的搭配上，為顧客做出平衡且完美的建議。

餐酒搭配是相當難具備的一種專業能力，在歐美有特定的書籍與文獻做專門的研究；在重視葡萄酒的高級餐廳裡，外場侍酒師擁有與內場主廚同等的地位。當代侍酒師不只停留在「餐飲服務」上的角色，Sommellerie 也逐漸跨越到為 VIP 顧客規劃品酒教育，甚至為顧客所屬的公司提供葡萄酒投資方面的專業建議。

侍酒師 Sommellerie 更是精緻餐飲文化的領頭羊，由於這個職業的存在，不僅為餐飲體驗帶來更多可能，它更代表一個國家精緻料理的水平。畢竟，侍酒師服務的不僅僅是在葡萄酒的品飲，更多的是為顧客帶來最得宜且舒適的餐飲體驗。

往往在餐廳裡，客人不一定會飲酒，但若是宴請重要的客人或是商

務宴會，總會備上葡萄酒。侍酒師作為整場宴會的規劃者，他（她）就像是一場音樂會的指揮家，讓葡萄酒在最完美的時刻綻放美好，讓餐宴更臻完美，讓人感受到冉冉升起的歡愉氣氛融洽了餐會場合，讓愛戀中的情侶感情升溫，更讓商務會議放下緊繃情緒，使商業交易順利完成。

侍酒師與品酒師最大的不同就在於，品酒師看的是杯中的酒，而侍酒師看的是喝酒的人。

〞

「身為侍酒師，幫客人尋找到合適的飲料，比為食物尋找合適的飲料更顯重要；最重要的不是他們的品酒能力，而是要能夠觀察到客人想要的是什麼。」

〞

▪ Gérard Basset 對侍酒師的 12 個看法與建議

⊕ 做一位具有與大眾同理心的人，能提供給客人一段美好的時間，但最重要的是正確地了解人與人之間的關係。

⊕ 當一位好的銷售者來銷售葡萄酒，最重要的是累積銷售經驗。

⊕ 自己要謙卑，不要有優越感，顧客知道的可能比你還多。

⊕ 做一個細心的人，試著夫了解你的客人，設身處地著想對方的需求。

⊕ 當客人沒有要求時，不可打擾客人。

⊕ 要永不間斷地學習並了解你自己的味蕾。

⊕ 不忽略任何一位在角落的客人，因為全部的賓客都是重要的。

⊕ 要做一個好的經理人，並與團隊緊密合作。

⊕ 不要提供與大型販賣店一樣的酒，如果客人能在超市買得到這瓶酒，它在超市將會更便宜。

⊕ 要讓客人有選擇的權利，不要只提供一種酒款，並相信客人可以選到自己喜歡的酒，即便他的葡萄酒知識較少。

⊕ 對科技的應用不要懼怕。

⊕ 對自己要有自信。

知名侍酒師

世界上有許多重要的侍酒師，優秀的侍酒師不僅能為任職的公司帶來可觀的酒水營收，甚至有可能改變一個國家或地區的餐飲文化或是流行趨勢。侍酒的專業必須從餐廳基本服務起步，若是離開了餐飲業後，資深的侍酒師也可能透過不同角色，例如教育、寫作、經商、釀造甚至是從政，來提升餐飲文化。以下介紹幾位當代世界上，具有特殊影響力的知名侍酒師。

Gérard Basset OBE, MS, MW, MBA, OIV MSc

在世界葡萄酒領域中，有兩個最具份量的頭銜 —— **侍酒大師 (Master Sommelier)** * 與**葡萄酒大師 (Master of Wine)** * ；在歐美，若在姓名後面加上 MS 或是 MW 的葡萄酒大師，總會讓人另眼看待，畢竟這兩者，是世界上最難取得的證照之一。五十多年來，世界上僅有 300 多位 MS 與 MW。

世界上只有極少數侍酒師同時擁有 Master Sommelier 與 Master of Wine 的頭銜，法國籍侍酒師 Gérard Basset 即為其中一位；他不僅同時具備兩項頂尖葡萄酒證照，還曾榮獲 2010 年的世界最佳侍酒師，並於 2011 年由英國女王頒發大英帝國勳章 (OBE)。此外，也曾獲選 Decanter 雜誌的年度風雲人物（2013 年），真是葡萄酒界的神話等級人物。Gérard 曾於 2016 年間到訪台灣，並分享專業知識給台灣的年輕侍酒師們。

國際侍酒師協會 ASI(Association Sommelier International) *

每年於世界各會員國舉辦的 **ASI Sommelier Diploma（國際侍酒師認證）** * ，也為各國侍酒師提高了國際能見度；而台灣地區，一般會在每年三月間舉辦筆試與術科考試。

註 *
**侍酒大師 MS
(Master Sommelier)**
侍酒大師為通過侍酒大師公會 (Court of Master Sommeliers) 所舉辦的四階段考試後，所獲得的專業侍酒師頭銜，公認為侍酒師專業領域的最高證書。第一屆侍酒大師考試於 1969 年在英國倫敦舉辦，至今全世界僅有 269 人擁有此頭銜。

註 *
**葡萄酒大師 MW
(Master of Wine)**
葡萄酒大師為英國的葡萄酒大師協會 (The Institute of Master of Wine) 頒發的專業認證，公認為葡萄酒專業的最高證書，第一期葡萄酒大師考試在 1953 年於英國舉辦，至今全世界僅有 418 人獲得此頭銜。

註 *
國際侍酒師協會 ASI (Association Sommelier International)
國際侍酒師協會 ASI 為跨國非政府組織，成立於 1969 年，目前共有 52 個會員與 3 個觀察員。台灣侍酒師協會於 2010 年成為觀察會員國，2015 年成為正式會員國。

註 *
**國際侍酒師認證
ASI Sommelier Diploma**
ASI 國際侍酒師認證是由國際侍酒師協會主辦，每年春季在全球 ASI 會員國同步舉行。報名者須具備四年酒類服務經歷，認證方式分筆試與實作二階段完成。至今台灣共有七名侍酒師通過此考試。

田崎真也 Shinya Tasaki

田崎真也，1958 年生於東京，19 歲的時候，以成為侍酒師為志業，在法國學習侍酒師專業 3 年。1983 年，贏得日本第三屆最佳侍酒師大賽，接著在 1995 年石破天驚的贏得世界最佳侍酒師大賽，大大提升了亞洲侍酒師在世界上的地位，可以說是亞洲侍酒師第一人。1996 年獲得日本國家文化榮譽獎，1999 年獲得法國農業功勞騎士勳章，2010 年成為亞洲首位 A.S.I. 國際侍酒師協會會長，2011 年獲頒日本黃綬褒章，現任日本侍酒師協會 (JSA) 會長。

Paolo Basso

2013 年世界最佳侍酒師，生於義大利，現居瑞士，擁有義大利與瑞士雙重國籍。他曾在 Sondalo Valtellina 攻讀飯店管理，在瑞士酒店和餐館的各種實習期間，開始著迷於葡萄酒世界，並決定投入這個專業領域。作為實現目標的第一步，他首先獲得了「Suisse des Sommeliers Professionnels」（專業侍酒師）文憑；之後，又花了幾年時間在米其林一星或兩星級餐廳工作，並開始大量品嚐葡萄酒，因此也奠定了在侍酒專業的深度與廣度。

Paolo 於 1997 年獲得瑞士最佳侍酒師稱號，2010 年贏得歐洲最佳侍酒師競賽，並於 2013 年贏得世界最佳侍酒師頭銜。2014 年，義大利葡萄酒生產商協會加冕他為年度侍酒師 (Sommelier of the Year)。目前在瑞士盧加諾 (Lugano) 經營自己的葡萄酒諮詢公司 Paolo Basso Wine，並在瑞士南部生產自己的紅葡萄酒——'Il Rosso di Chiara'。

Brian K Julyan, FIH, MS, LCG

生於英國，現任歐洲侍酒大師協會 (Court of Master Sommeliers Europe) 首席執行長。1972 年，Brian 通過了侍酒大師考試，並提議成立侍酒大師協會（1977 年），這也讓 Court of Master Sommeliers 開始發展成為一個世界級的侍酒專業機構；它是一個以提供飲料服務、葡萄酒知識和葡萄酒品鑑的教育、培訓和認證的侍酒師專業協會。Brian 自 1990 年以來一直擔任著該協會執行長，

而目前侍酒大師協會 (Court of Master Sommeliers) 也成立了美國分會。

Brian 於 1999 年 出 版 的 *Sales and Service for the Wine Professional*（中文版於 2014 年出版），這本著作成為侍酒大師協會 (CMS) 第一階考試 (Introductory Sommelier) 與第二階考試 (Certified Sommelier) 的重要參考書籍。

Frederick L. Dame MS

1953 年生於美國加州。美國侍酒大師傳奇人物，也是導入侍酒大師協會（Court of Master Sommeliers）進入美國的重要推手。Frederick 於 1983 年不可思議的一次就通過了 Master Sommelier 的最終考試，也讓他成為美國侍酒師界的傳奇。並於 1986 年創立侍酒大師協會美國分會 (Court of Master Sommeliers Americas)，正式將侍酒大師考試導入到美洲。

Frederick 畢 業 於 華 盛 頓 與 李 大 學 (Washington and Lee University)，擁有新聞和傳播學位。高中畢業後的歐洲之旅，激起了他對葡萄酒和食物的好奇心。從那以後，他也將其優異的說服力與技巧，應用於葡萄酒鑑賞與侍酒師專業上。

呂楊 Lu Yang MS

呂楊為華人侍酒師的指標之一，大學時在加拿大就讀物理學系，後來迷上葡萄酒，轉而攻讀葡萄種植與與葡萄酒釀造專業。在 2009 年返回中國後，擔任上海半島酒店任職侍酒師，2012 年時擔任香格里拉酒店集團的葡萄酒總監，管理整個集團的葡萄酒業務與侍酒師團隊。

呂楊在 2017 年成為華人首位侍酒大師 (Master Sommelier)，也前所未有的提升了華人地區侍酒師的專業以及影響。他曾在 2019 年訪問台灣，並且分享了他認為的侍酒師 SOMMELIER 意涵。

〵〵
「還有很多是我不知道的，葡萄酒的世界日新月異，侍酒師需要謙遜與不斷的學習。」
—— *Brian K Julyan*
〵〵

〵〵
「侍酒師最重要的工作即是 ——讓您的顧客開心。」
—— *Frederick DAME*
〵〵

- S – Salemanship 銷售
- O – Operation 營運
- M – Management 管理
- M – Matching (Food and Wine) 餐酒搭配
- E – Education 學習
- L – Leadership 表率
- I – Innovation 創新
- E – Ethics 道德
- R – Respect 尊重

Véronique Rivest

生於加拿大，2013 年世界侍酒師大賽亞軍，也被公認為世界上最優秀的女性侍酒師之一。Véronique 在學習期間主修現代語言，擁有文學學士學位和國際貿易 MBA 學位。她曾贏得 2006 與 2015 年加拿大最佳侍酒師，2012 年美洲區最佳侍酒師（A.S.I. 國際侍酒師協會主辦）。現在為 SOIF 葡萄酒吧的老闆（位於 Gatineau），同時也專職在葡萄酒教學與顧問。

3
Chapter

風味的基礎架構
與搭配邏輯

專業侍酒師多半能為餐桌前
的顧客，提供適宜的餐酒搭
配，也讓賓客體驗到超出預
期的配對組合、感受到有趣
的風味轉變。雖然這項專業
具備一定難度，但這正是
Sommellerie 的天職。在
本章節，我們將透過侍酒師
的視角，解析一場成功的餐
酒宴會是如何自最根本的風
味，層層堆疊，到最後被規
劃設計出來，完美呈現給桌
前的賓客。

CH3

風味的基礎架構與
搭配邏輯

上個章節我們理解到基本的味道，以及相互間配對後會產生的不同效果。這個章節將更進階的來討論，關於餐酒搭配的幾個基本方法──包含**一致型風味配對**以及**對比型風味配對**，接著再利用**點線面的風味建構**及**原產地搭配**的根本邏輯，希望能幫助飲食搭配設計者，建立起一條清晰且明朗的搭配道路。

筆者也將分享幾場親身規劃的米其林餐酒宴會，解析菜單設計原理與搭配邏輯，希望能讓這條看似渾沌不明的餐飲搭配道路，新闢出一條小路來通行，接著能再循序漸進，以達到飲食愛好者心中所期待的完美搭配。

基礎搭配與葡萄酒的指引

傳統上若談到餐酒搭配，基本都以葡萄酒佐餐為主，而造就葡萄酒佐餐歷史最為悠久且最為廣泛的原因，有以下幾點。

◇ 皇室貴族的高端奢華飲食文化

葡萄酒在歷史上，自古以來就與皇室、宗教、政治以及社會地位有著密不可分、盤根錯節的關係，當中又以講究精緻料理與葡萄酒兩者關係的法國皇室最為重要。最知名的例子是，西元 1760 年法國曾有一塊葡萄園，當時擁有的家族因為財務問題，欲賣出脫手，但因其名氣實在太大，品質也驚人的好，殊不知此舉到最後竟引發了一場歐洲最大的宮廷內鬥。兩位在法國擁有無比權力的皇室成員，為了爭奪一片僅兩公頃的葡萄園，將皇室鬧得天翻地覆。

其中一位是法王路易十四的堂兄弟 Conti 王子 (Louis-François de Bourbon, Prince de Conti)，另一位是法王路易十五的情婦龐芭杜夫人 (Marguise de Pompadour)，兩人皆是那時候全歐洲最有財富與權力的貴族，卻為了這塊葡萄園，爭奪到撕破臉的程度。最後，Conti 王子豪擲了八千個金幣 (Livres) 買下，這個價格差不多是當時全法國最好的葡萄園──隆河谷地杜克葡萄園 (La Turque) 的十五倍價錢，而八千個金幣，足以讓平民生活幾十輩子。

> 「要過美好人生，就必須活得有智慧、活得有尊嚴、活得正正當當。然而，若是無法過美好人生，就無法活得有智慧、活得有尊嚴、活得正當。」
> ─── Epicurus 伊比鳩魯，
> 古希臘哲學家

當 Conti 王子終於擁有它後，遂將原本的葡萄園名字「Romanée」加上自己的名字，此葡萄園正是直到三百年後依然知名的「Romanée-Conti」。之後 Conti 王子規定此葡萄園所生產的酒，僅限皇室使用與個人品飲；此事件後，也讓頂級葡萄酒與皇室貴族的生活連結更加緊密。1760 年時，Romanée-Conti 生產的數量只有 3000 至 6000 瓶，與現在所生產的數量其實差不多；又因為 Romanée-Conti 成為一般平民再有錢也買不到的皇室專用酒，更加諸了葡萄酒更多的想像與奢華。

而法國菜最早的起源，是在十六世紀時，由法國亨利二世 (Henri II) 的義大利聯姻妻子 —— 梅第奇家族的凱薩琳 (Caterina de' Medici)，自義大利所傳入。

無論是現在法式料理中耳熟能詳的食材 —— 松露、小牛胸腺 (Sweetbread) 甚至冰沙 (Sorbet)，其實都是在凱薩琳十四歲遠嫁法國時所帶入法國皇室的。當時有許多義大利的女廚師隨著凱薩琳公主陪嫁，而凱薩琳本身也是一位喜愛美食的烹飪好手，這一聯姻，讓法國料理的水平迅速突飛猛進，甚至最後在精緻度上還超越了義大利料理。由此看來，稱 Caterina de' Medici 為「法國料理之母」一點也不為過。

凱薩琳的影響效應，延續到兩百多年後，在路易十四世 (Louise XIV) 時期更加茁壯，路易十四開始針對凡爾賽宮中的廚師及御膳人員舉辦烹飪比賽，對手藝精良者賜予藍帶獎 (CORDO NBLEU)，並流傳至今。而路易十五、十六世亦是美食的愛好者，他們在宮廷中大量推廣美食，在此種大環境下，於是誕生了許多名廚，而廚師也成為一種高尚又具有藝術性的職業；這是法國料理奠定成為世界精緻料理的重要時期。

餐桌上既然有了美食佳餚，必然要佐以佳釀名酒，這也就帶動了餐酒搭配藝術的基礎輪廓；就像當前日本酒（清酒）在法國巴黎的熱潮，其實正是隨著日本料理一同推廣過去的。

「一切都是這位佛羅倫斯人的功勞，是她改革了中世紀的古老烹飪傳統，使其重生成為現代的法國烹飪技術。」
—— *Jean Orieux*

但好景不常，1793 年隨著巴士底獄的砲聲響起，法蘭西波旁王朝的最後一位國王──路易十六被巴黎民眾在革命廣場以斷頭台處死後，也宣告法國君主制的終結。在法國宮廷內興盛的法國美食，卻也在法國大革命時期，隨著流離顛沛的法國宮廷廚師流落民間，意外開啟了法式料理的下一個興盛時代。

一百年後的十九世紀初，被譽為法國料理之王的 Georges Auguste Escoffier 出現，他重新形塑了當代法式料理的樣貌。Chef Escoffier 將菜餚改成一道一道上菜的品嚐方式，取代了一次全部上桌的形式，並且將傳統濃郁的醬汁調整為清爽又更接近食材原味的樣貌；更重要的是重新設定廚房內的配置與備餐模式，讓廚房整潔與環境的要求有個標準，也間接提升了廚師在社會中的地位。

因為法式料理對於餐酒搭配，衍伸至當代的餐飲搭配，甚至是未來的無酒精飲品趨勢，有著關鍵且決定性的影響。因此，透過回顧古典的餐酒搭配菜單，史能理解其根本，洞悉其原理，進而開創未來。

1987 年上映的丹麥電影，也是當代最經典的飲食作品《芭比的盛宴》(Babette's Feast)，劇情講述十九世紀在丹麥的偏遠村莊，出現了一位隱世大廚，她製作了一套當時世界上最奢華、最繁複的法式宮廷料理，讓鄉村居民們體驗到最正式且畢生難以想像的一餐盛宴。

電影中完整呈現了一百五十年前，在十九世紀時最正式與最華麗的法國料理餐酒搭配菜單。

MENU —— Café Anglais

Table for 12 People
10,000 Francs（法郎）

海龜湯　Potage à la Tortue
搭配　*Amontillado sherry*

魚子醬配俄式煎餅　Blini Demidoff au Caviar
搭配　*Veuve Clicquot Champagne 1860*

鵪鶉酥餅佐佩里戈松露醬
Caille en Sarcophage avec Sauce Périgourdine
搭配　*Clos de Vougeot 1845*

苦苣沙拉　Endive Salad

蘭姆酒無花果蜜餞水果蛋糕
Savarin au Rhum avec des Figues et Fruit Glacée
什錦奶酪和水果
assorted cheeses and fruits served

餐後酒　*LOUIS XIII Cognac by Rémy Martin*
(Vieux Grande Champagne Cognac)

◊ 葡萄酒擁有天然的酸度與甜度

葡萄酒的味道來自於特定成分，它又以**甜度、酸度、單寧和酒精**為主。其中的甜度和酸度比其他酒類飲品更為重要，其他的酒類飲品往往很難具有天然的**酸度**與**甜度**，無論是清酒、啤酒或其他蒸餾酒，因為，這些並不是果實酒。因此，若要有明顯的酸度與甜度，是需要另外添加的，調酒就是最經典的例子。為什麼我們說天然的酸、甜重要，談論之前要先來了解食物的風味。

食物的味道一般包含甜味、酸味、苦味、鹹味以及辣味，而最根本的味道，就是**「鹹味」**，在料理中你可以不加入甜味、酸味，也可不加入辛香料，但要廚師不加鹽巴，基本上是不可能的。因為鹹味基本上是能達成完整「風味」的核心關鍵，且不少食物其實本身就具備著鹹味，若要形成完美平衡的風味架構，就需要包含**「鹹味＋酸味＋甜味」**，才能成就完整的味道金三角。

｜ 料理中的點線面 ｜

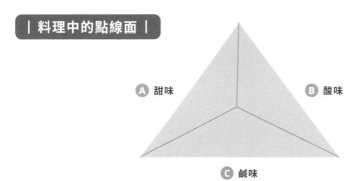

只要試想那些在生活周遭最常出現的經典元素，就能了解成功的食物為何如此設計。為什麼薯條會搭配番茄醬？因為**「鹹味＋酸味＋甜味」**風味金三角；為什麼雞塊要搭配糖醋醬？因為**「鹹味＋酸味＋甜味」**風味金三角；**「鹹酸甜（台語發音）」**甚至變成台灣經典的蜜餞代名詞，也正是因為這三個味道能夠組合成完整、平衡、有深度的風味架構。

◇ 恰好的發酵酒精濃度與天然氣泡

任何含有糖分的水果果實，無論是蘋果、梨子、草莓，甚至是香蕉或西瓜都能發酵成酒精飲品。但葡萄酒最特別的地方是，比起其他果實酒品，葡萄更容易發酵，甚至酵母就存在於葡萄皮上，且葡萄中含有的高糖度能夠讓酵母有效地將糖分轉換成酒精。葡萄酒的酒精濃度一般落在 8 度到 15 度上下，比起其他糖分不足，或發酵不易的水果果實，葡萄天生就是製成酒精性飲品最合適的水果。

完整成熟的葡萄發酵後酒精濃度是足夠的，若是酒精度太低，容易被菜餚的風味給壓過，嚐起來清淡若水；其次，葡萄酒在發酵後還能夠保有本身的酸度，這也大大強化了搭餐的合適性；因為具有酸度的食物，需要有酸度的飲品去支撐住風味。帶有天然酸度的飲品，當遇到濃郁或是油膩的食物，也能發揮清洗味蕾的重要功用。

葡萄酒在發酵時產生的氣泡（二氧化碳），當它留在瓶身中，能夠增加口腔清爽的效用。若一口嚐下油膩的炸雞，再喝下冰涼又帶有氣泡的汽水，絕對是比飲下一杯失去氣泡的糖水，還要更清爽愉悅。

◇ 類葡萄酒飲品潮流

每位專業侍酒師需要了解白葡萄酒和紅葡萄酒的基本知識，及不同葡萄品種的特殊風味，正如同調酒師必須要了解吧檯架上各種不同酒款的風味，廚師要知道每項食材的基本味道，才能夠更進一步將各自的風味組成、堆疊和表現出來。當具備了葡萄品種與風味組合的專業知識，接著就可按照料理元素朝向完美搭配邁進。在雞尾酒佐餐上，因為能輕易地在製作時加入酸味與甜味，因此除了葡萄酒以外，最容易搭餐的酒精性飲品其實是雞尾酒。雞尾酒正如同一道料理的醬汁，就像含有酒精的醬汁，而調酒師就是飲料領域的廚師。

一直以來，葡萄酒的「狀態」都算是與料理完美配對的首選，因此當代也有不少調酒師開始以**「葡萄酒型態化」**的樣貌來製作雞尾酒，在餐桌上佐餐品嚐；例如，降低酒精度，或是變得更不甜、帶有氣泡感，甚至是以葡萄酒杯來呈現。

但其實「葡萄酒型態化」的飲品在佐餐上最困難的是，當降低酒精度或修正甜度後，酒款是否還能持續保持著單獨品嚐時依然平衡的狀態。因為酒精太高或甜度太高的酒款，很容易會讓人越喝越甜膩，特別當溫度回到室溫後，甜膩感與酒精的嗆感會更顯著，且甜感與澀感相同，它都有持續累積加成的效果。因此要製作一杯酒精低、甜味少的雞尾酒佐餐，確實十分考驗調酒師的功力。

風味的基礎架構與搭配邏輯

◇ **餐酒搭配的兩種基礎模式**

在餐酒基礎搭配上，主要有兩種模式：

「一致型風味配對」(Congruent Pairings)──濃郁奶油香氣質地葡萄酒，配上濃郁脂肪的料理。富含奶油濃郁質地的義大利麵，可以選擇一款濃郁、成熟，經由橡木桶熟成，柔順甜美的 Chardonnay、Chenin Blanc 白葡萄酒，將葡萄酒的味道包覆在濃郁的奶油醬汁中，進行「一致型風味配對」。

「對比型風味配對」(Contrasting Pairings)──清爽高酸葡萄酒，配上濃郁脂肪的料理，或是選擇一款清新、爽脆，未經橡木桶熟成的白葡萄酒，如紐西蘭的 Sauvignon Blanc、西班牙 Albariño，利用酸度來切開濃郁奶油質地或脂肪的食物，進行「對比型風味配對」。

而進階的類型，可以再思考**「原產地搭配法則」(Regional Food & Wine Pairings)**，與**「點線面建構風味」(Flavors Construction)**。

當地菜餚最適合搭配的是當地的酒。因為，無論食材或葡萄酒，風味都來自於土地、氣候與農民，這就是我們常聽到的**「天、地、人」**，尤其在起司與葡萄酒的搭配上特別明顯。千百年來，葡萄酒即是生活中的飲料，它的存在基本上就是讓當地人解渴飲用的；就像是同一個家庭長大的小孩，對於在地飲食文化的 DNA 也會一致，即使難免有一些差異，但本質、個性和價值觀原則上是相似的。

點線面的建構風味，是一種更進階的搭配方式。料理或飲品的**「點與線」**，通常會是**「酸味與甜味」**，這兩種味道是千百年來風味的核心元素，就如同火與水，白天與黑夜般的相互依存，更像一座天秤平衡著兩邊。所有的天然水果，都是由陽光使它成熟，將果實的酸味降低，甜味提升，在最完美的狀態下達到酸甜平衡時，就是果實最佳風味的時刻。

我們已知風味組成的「線」是酸味與甜味，但若只有一條線，並不足以造就高樓大廈，要成為令人印象深刻的風味架構，必須要有「面」的成立；若在酸度與甜度外，飲品能夠加入**「苦味」**，則能讓三個風味成為一個平衡的面向。適度的苦味可以拉長複雜度與立體感；而在料理中，加入**「鹹味」**將會讓一道酸甜的料理更顯迷人和複雜。關於這幾點，我們也將於接下來的章節說明。

| 飲品中的點線面 |

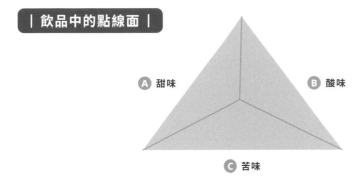

Ⓐ 甜味　　Ⓑ 酸味

Ⓒ 苦味

◇ 以酒入料理

以酒入菜是提升料理風味非常有效的方式，無論是透過酒精來去掉食材中的腥味、軟化肉類的蛋白質、提升更多的香氣或是製作出層次複雜多變的醬汁，甚至是營造出一次炫麗的桌邊服務，以酒入菜皆能夠恰如其分的辦到。若是料理本身口感已過於豐富，但卻缺少了上層香氣，您也可以將濃厚酒品裝入乾淨的噴霧瓶中，以香氣噴霧的方式，補足餐飲的嗅覺感受，這其實也是一種餐酒搭配。

世界各國有許多名菜是因酒而聞名，接下來讓我們來認識幾道以酒入菜的經典料理。

〟
「現在我已經沒有辦法不利用葡萄酒來煮飯了。」
—— *Alain Senderens,*
法國名廚

〟

◇ **各國以酒入菜之經典料理**

料理	國家	加入酒款	主要食材
紅酒燴牛尾 Queue de Boeuf au Vin Rouge	法國	紅葡萄酒	牛尾、胡蘿蔔、芹菜、洋蔥
鵝肝醬 Pâté de Foie Gras	法國	貴腐甜白酒	鵝肝、白蘭地、無花果醬
火焰香蕉奶酪 Flambée Banana Panna Cotta	法國	蘭姆酒	香蕉、香草冰淇淋、奶凍
可麗餅 Crêpes Suzette	法國	柑曼怡酒	可麗餅、橙汁、焦糖、 奶油、肉桂
熔岩巧克力蛋糕 Coulant au chocolat	法國	蘭姆酒	蛋糕、甘納許
紅酒燉牛肉配野生菌 Stufato di manzo al Chianti	義大利	Chianti 紅葡萄酒	牛肉、牛肝菌
Prosecco 干貝南瓜燉飯 Risotto alla Zucca e Prosecco	義大利	Prosecco 氣泡葡萄酒	米飯、干貝、魚高湯、奶油
雪莉酒乳豬 Cochinillo al horno con Jerez	西班牙	雪莉酒	乳豬、番茄

料理	國家	加入酒款	主要食材
西班牙海鮮飯 Paella	西班牙	西班牙 白葡萄酒	米飯、蝦蟹貝類、 西班牙臘腸、燈籠椒
德國黑森林蛋糕 Schwarzwälder Kirschtorte	德國	Kirschwasser 櫻桃酒	蛋糕、奶油、櫻桃
西京燒 西京燒き	日本	清酒	鱈魚、味噌、醬油
醉蟹／蝦	中國	黃酒	河蝦、螃蟹、醋、蔥薑末、 光妾、陳皮
紹興醉雞	中國	紹興酒	雞肉、蔥、薑末、芫荽
火燎鴨心	中國	茅台酒	鴨心、紅椒、洋蔥、薑
馬祖老酒麵線	台灣	陳年糯米酒	麵線、麻油、薑、香菇
高粱炙燒烏魚子	台灣	高粱酒	烏魚子

■ **Wine Folly** ——
九個以葡萄酒風味出發，餐酒搭配的基礎推薦法則

⊕ 葡萄酒應該比食物更酸。

⊕ 葡萄酒應該比食物更甜。

⊕ 葡萄酒應具有與食物相同的風味強度。

⊕ 通常紅葡萄酒搭配濃郁的風味肉類（紅肉）最合適。

⊕ 通常白葡萄酒與淡雅肉類（魚或雞肉）配對最為合適。

⊕ 帶有單寧澀感的酒與脂肪食物平衡較為合適。

⊕ 將葡萄酒與醬汁搭配，而不是與肉類搭配。

⊕ 一般來說，白葡萄酒、氣泡葡萄酒和粉紅葡萄酒，在餐酒搭配上會產生較為對比鮮明的搭配感受，因為酸度、甜度與氣泡更能增加風味的廣度。

⊕ 紅葡萄酒相對會產生一致且穩定的配對感受。

Wine Folly
Food and Wine Pairing Basics

https://winefolly.com/wine-pairing/getting-started-with-food-and-wine-pairing/

一致型風味配對 Congruent Pairings
◇ 甜味食物平衡原則
甜味食物，需要用相同或更多甜味的葡萄酒來搭配，否則品嚐
　起來感受到苦味會提升。

這點算是在相似風味配對上最重要也最基本的。

我們必須先理解「殘糖」(Residual Sugar) 的概念，它是食物與飲品中**「真正」**含有的糖份量，為什麼要理解它呢？因為在許多風味中，我們所感覺的甜味，並不是真正「殘糖」帶來的甜，而是大腦告訴你的。

最常見的例子是，有些酒聞起來很「甜美」，例如，放過新橡木桶的葡萄酒，或放過波本桶的威士忌；因為，橡木所釋出的香草醛（又稱香蘭素 Vanillin），其氣味會因為**聯覺** * 讓大腦想像喝到甜的味道，所以，當你入口的時候，大腦會自動告訴自己喝起來有甜感。

酒精同樣會讓人有甜的錯覺，高酒精的飲品，尤其是經過降溫冰鎮後的，品嚐起來也會感受到甜味的錯覺。

辣椒所帶來的痛覺也是，有時辣椒都還沒入口，你的嗅覺就先聞到，因為人體對「辣椒素」(Capsaicin) 的過去經驗，會讓腦中先印入對辣的痛覺，來讓人體做好疼痛的準備。因此，即使料理本身並不辣，只要有辣椒的氣息，就會讓人在入口前就出現辣味的錯覺。

理解甜味後，接著進階來探討風味上的平衡。以重量感搭配原則來說，甜味料理需要搭配相同甜度的飲品才會平衡；你可以想像，糖度其實就是飲品與料理的重量，含糖越高，重量就越重。用一個比較容易理解的說法，像是「白肉魚生魚片」的重量感很輕，但「蜂蜜糖漿」卻十分有份量，若生魚片配上蜂蜜糖漿，就像一個纖瘦的男生與高壯的健身教練打拳擊賽一般，天秤會向一邊傾斜，重量感輕的生魚片其風味將會完全消失殆盡。

註 *
聯覺 (Synesthesia)：
英文來自於兩個希臘字，其分別代表著**「聯合」**及**「知覺」**，因此字義上聯覺代表著**「聯合的知覺」**。它是指有少部分的人，聽到或看到某些事物時會自動的啟動另一種感官能力的狀態。例如看到特殊的數字，會轉變成特殊的顏色；又或是耳朵聽到音調，視覺也會產生不同的顏色對應，而且這種感受是不自覺，且無法控制的。

更要注意的是，若飲品與料理的甜味差異過大，則會讓苦味增加變得明顯。無論任何時刻，在餐飲搭配中出現苦味，都是不好的搭配情況（除非苦味是特別為了帶出其深度與層次）。因此，在餐飲搭配的架構下，首先要確保飲品與料理之間的甜度差異不能過大，這也是之後的餐飲搭配評分系統，我們首先要注意的。

◊ 酸味食物平衡原則
酸味食物，需要用相同或更酸的葡萄酒來搭配。

如同甜味般，酸味作為與甜味的基礎架構，當面對餐飲搭配時，必須確保料理與飲品的酸度平衡。

最經典的例子是義大利菜與義大利葡萄酒搭配。義大利料理因為常加入許多番茄或葡萄酒醋，食材的特性使其整體偏酸；而義大利的葡萄酒整體酸度也十分明顯，因此，適當的酸度能讓料理與飲品帶出明亮的清爽感，風味表現更豐富。

若是酸度高的料理搭配上酸度過低的飲品，會讓兩者轉變成平淡且不均衡。最常見的就像在吃烤魚時，我們會擠上檸檬汁，其實不只是為了要提鮮，很重要的一點是讓料理更明亮、清爽且帶有活力。換個角度在這種邏輯下，也可以用高酸度的飲品來取代檸檬汁。

例如，以西班牙的 Rías Baixa 高酸白葡萄酒或 Sour Cocktails 來搭配烤魚，這樣也會讓料理更顯活力。

◊ 苦味食物平衡原則
帶苦味的食物如燒烤菜餚，可使用帶有苦澀感的葡萄酒來做相
  似風味搭配。

上 一 章 已 經 大 致 介 紹 過 苦 味，以 下 將 精 確 一 點 來 談「單 寧 (Tannins)」的 成 分 與 表 現。在 葡 萄 酒 品 飲 中，最 常 被 提 及 的 就 是「單寧」，如同我們前個章節所討論的「鮮味」，它就像是隔壁的親戚長輩，你聽過它，也認識它，但卻對它不太了解。

其實，**單寧酸（Tannic Acid，又稱單寧、鞣酸、鞣質），是來自植物種子、果皮、果實的梗與樹皮中的多酚類化合物，**單寧不僅會產生澀感，也會帶出些許苦味。此外，不只是果皮或樹皮，包含茶葉、堅果、黑巧克力、肉桂…等原料其實都富含單寧。

一般來說，白葡萄酒很少會出現澀感，那是因為白葡萄酒在釀造上基本只會使用純淨的葡萄汁，而不會過度壓榨葡萄皮（過度壓榨會導致葡萄皮上的單寧成分過度萃取，出現不平衡）；但若白葡萄在新橡木桶陳放後，則有可能會從橡木中萃取出單寧成分。而另一種橘酒 (Orange wine)*，因釀造過程中和葡萄皮經過長時間的接觸，因此會帶出許多有澀感的單寧成分。

單寧的澀感能讓葡萄酒與食物增添複雜的風味，而葡萄酒中的單寧也能在品嚐富含油脂與蛋白質的料理時，將附著在味蕾上的油脂去除並與蛋白質結合，這就是為什麼品嚐紅酒時，吐掉的酒液中，經常會含有一些黏稠聚合物的原因；單寧成分能讓高蛋白質與油脂食物結合，達到清爽與平衡的效用。

適度的苦澀感會讓料理更有深度，試想，為什麼沙拉中有時會加入核桃或堅果，那是因為當口腔咀嚼到核桃堅果的澀感時，會產生更有深度的風味，而質地上的差異，也能增加品嚐食物的愉悅度。不過，若是苦味過多，在重量感搭配上也會變得怪異，上述的沙拉，如果換成一大盤堅果加上幾片沙拉葉，即使不必實際品嚐，光是想像味道就會覺得十分沉重。

針對苦味食物的搭配，在平衡原則上我們可挑選帶有些許苦味的飲品來做平衡。一般來說，帶有苦味的食物會讓飲品的苦感增加，若是飲品中帶有單寧的成分，也會被料理中的苦味給引導得更明顯。舉例來說，烤到焦香的肉類會帶有苦味，此時可搭配同樣帶有苦味或單寧質地的紅葡萄酒，感受能較為平衡。另外在調酒中，使用苦艾酒（Vermouth 一詞是來自於德文苦艾 Wermut 的法文發音）調製的 Negroni，搭配帶有苦味的料理，其實也非常平衡且有趣。

註 *
橘酒 (Orange wine)：
一般是指以白葡萄作為原料，使用紅葡萄酒釀造法釀造的酒款。因為比起一般白葡萄酒在釀造時更容易氧化，顏色更深，因此稱為橘酒 (Orange wine)。橘酒通常風格較為濃郁厚實，且口感帶有單寧的澀感，常見於義大利北部以及東歐地區產酒國。

◇ 食物重量感（質地）平衡原則
以相同重量感的酒款來做到平衡搭配。

重量感（質地）的平衡，在餐飲搭配上十分重要，就像一場拳擊賽，賽場上若沒有規定較勁選手的體重，將會看見一面倒的賽事發生。筆者常在課堂上舉例，關於鹹味與甜味的重量感配對：在風味配對上，鹹味與甜味一直以來都是迷人且容易讓人印象深刻的，鹹味能讓舌頭上的味蕾敏銳度提升，因此，我們會感受到更多、更豐沛的甜味。

這種搭配最明顯的例子是「帕瑪火腿搭配德國 Riesling Kabinett 微甜白葡萄酒」，與「藍黴乳酪搭配法國 Sauternes 貴腐甜白葡萄酒」。這兩者雖然屬於風味對立的經典搭配，但其中也包含了重量感平衡搭配。

帕瑪火腿本身的鹹味，與德國 Kabinett 微甜 Riesling 的甜味是旗鼓相當的；但若換成用 Sauternes 貴腐甜白葡萄酒或德國 TBA 貴腐甜白葡萄酒來與帕瑪火腿做搭配，此時風味的天秤就會向甜味傾斜，口中只會嚐到貴腐酒中的甜味。

反之，藍黴乳酪搭配法國 Sauternes 貴腐甜白葡萄酒，本身它們是重量感一致的配對；若把甜度高的 Sauternes 貴腐甜白葡萄酒換成德國 Riesling Kabinett 微甜白葡萄酒，風味的天秤將會傾斜，口中只能嚐到藍黴乳酪的鹹味，這就是關於食物風味與重量感的平衡。

魚子醬本身的口感就是顆粒氣泡感，帶著滿滿的海洋鮮味與碘味，而香檳質地也屬於氣泡感與礦石高酸風味；兩者不僅在風味的一致性上達到平衡**（海洋／鮮味與礦石／酸味）**，也在質地上達到完美的和諧**（顆粒感與氣泡感）**。不過要切記，若用香檳搭配魚子醬，需找年輕、簡單且冰涼的香檳最為合適；因為，鮮味多的食材很難和橡木桶風味和諧，若使用昂貴的香檳，因其通常會在橡木桶中熟成，又若是陳年過的香檳，氣泡感也會降低，更顯現出橡木桶風味，此時魚子醬嚐起來也會變得更不新鮮，甚至出現一些鐵鏽的雜味。

橡木桶 Chardonnay 白葡萄酒搭配奶油義大利麵，則是兩者都具備相同的濃郁質地。Chardonnay 因為經由乳酸發酵 *，以及橡木桶陳年所帶出的滑潤口感，在我們口中的感覺會是一致的，而與奶油義大利麵的質地達到平衡的表現。

註 *
乳酸發酵
(Malolatic Fermentation, MLF)：
是指葡萄酒在經歷酒精發酵後，乳酸菌將葡萄酒液中的蘋果酸（Malic acid）轉化成乳酸（Lactic acid）的過程，其酒款喝起來會擁有較多圓潤感。

◊ 鹹味食物平衡原則

鹹味食物，可以找尋同樣帶有鹹味的酒款，如西班牙雪莉葡萄酒來搭配。

在鹹味的相似風味搭配中，以海島型葡萄酒最為有趣。

最經典的應屬於西班牙的雪莉酒，尤其是完全不甜的 Fino Sherry，特別是在最靠近海洋的 Sanlúcar de Barrameda 地區，在這個小鎮中熟成的 Manzanilla 雪莉酒，由於終年受海風吹拂，因此葡萄酒嚐起來除了具有豐富的酵母味 (Yeasty)，也帶有不少的鹹味感受。

若搭配上西班牙小酒館必備的伊比利火腿 (Jamón Ibérico)，這種夢幻的鹹味相似風味搭配，堪稱最經典的配對組合。

在葡萄酒以外，還有一種非常特殊的鹹味與鹹味、碘味與碘味配對的組合，這種令人出乎意料的相似風味／原產地搭配，就是蘇格蘭艾雷島傳統的酒食搭配——「生蠔搭配艾雷島威士忌」。威士忌酒廠在製酒時，會先將麥芽泡水使其發芽，讓麥芽中的澱粉轉成醣類，才能讓酵母發酵產生酒精。

當麥芽發芽完成後在烘乾的步驟時，如果使用泥煤 (Peat) 作為燃料，那麼空氣中會帶有來自泥煤所產生的酚類物質，傳統泥煤產區艾雷島的威士忌便帶有獨特的泥煤味 (Peaty)——例如煙燻、碘酒、消毒水、硫磺、烤肉等氣息。而艾雷島地處島嶼，終年海風吹拂，久而久之島上釀製的威士忌就出現了許多海風吹拂過的風味。

生蠔本身帶有許多海水，也含有非常多的碘元素，若是以帶有碘味與海風滋味的威士忌，搭配新鮮的當地生蠔，那種極度令人驚奇的平衡感，將會帶給品嚐者無與倫比的配對體驗。

有機會的話，絕對要品嚐一次，也建議搭配生蠔的威士忌泥煤味不能太重，布納哈本 Bunnahabhain 十二年將會是十分合適的選擇。

對比型風味配對 Contrasting Pairings

◊ 甜味食物的對比配對

 # 甜點加上些許海鹽，讓品嚐者在不經意的情況下，突然感受到
如煙花般燦爛的明亮滋味；甜味食物可利用鹹味帶出更加甜美
與多層次的味道。

在對比配對中，最容易讓人印象深刻的，絕對是甜味與鹹味的對比表現。全世界將對比配對運用到最純熟的國家要算是日本，在許多日本甜點主廚的作品中，常會以海鹽作為隱味，讓品嚐者在不經意的情況下，突然感受到如煙花般燦爛的明亮滋味。甜味食物可利用鹹味帶出更加甜美與更多層次的味道。

因為鹹味會刺激且放大舌面味蕾的敏銳度，當你品嚐甜點，舌面上突然感受到鹹味時（人的味蕾對鹹味非常敏銳），就像你在看電影，突然從最後一排座位被帶到前三排的位置，整個畫面與資訊量快速提升，甜味也會變得更清晰且立體。

我們身邊經常出現的「上癮級」食品，往往也都包含著鹹味與甜味的結合；無論是全世界各個國家、民族都熱愛的海鹽巧克力，或是熱量極高但讓人難以抗拒的鹽味花生醬，這些都是吃了就容易上癮的對比型配對的經典範例。

若要讓甜味感受較為清爽，我們可以使用酸味去制衡它。這種對比配對的考驗每年都發生在德國白酒釀酒師的身上。德國白葡萄酒是世界上**「酸味與甜味平衡」**的最佳代表。因為德國氣候非常寒冷，而且 Riesling 白葡萄本身帶有高酸度，因此它也算是最適合做甜白酒的一個國家。

以世界最甜的匈牙利貴腐甜白酒 Tokaji Essencia 為例，一公升酒中的甜度可高達驚人的 450 克含糖量，大概是最甜香檳的九倍之多。當這麼甜的甜酒在製作時，對釀酒師來說，最大的挑戰是要以葡萄果實中的天然酸度去均衡其中的殘糖量。

◇ **酸味食物的對比配對**

\# 酸味食物可使用甜味來做平衡，相同的，酸味飲品也會因為甜
　　味，讓飲品更有活力且甜度較不膩口；辣味也是酸味最有趣的
　　配對，它會讓味道互相強化後變得更有個性。

以「**酸甜**」與「**酸辣**」做為對比的配對，經典例子非常多，如同前
一章所提及，許多醬汁都是以**酸甜**來做設計，基本原因即是為了與
主食的「**鹹味**」做平衡配對，無論你是侍酒師、廚師、調酒師，或
是需要探索風味架構的職業，都需要記住這個黃金三立方。在接下
來章節「**點線面的建構風味**」也會再進階說明。

關於酸味、辣味的對比配對也有不少範例，試想，越南河粉 Pho 或
是泰式料理中的 Tom Yum Kung 酸辣海鮮湯，都是酸與辣的經典
料理。為什麼這些味道的組合會膾炙人口，因為酸味與辣味會相互
強化，讓整個料理節奏感更快，像是聽一首搖滾歌曲一樣讓人興奮
激情。酸辣的配對不僅在料理，而像經典的調酒血腥瑪麗 Bloody
Mary，基本上也有做到辣味與酸味的配對設定，製作得宜的酸味與
辣味配對的飲食，總能讓人印象深刻。

◇ **苦味食物的對比配對**

\# 苦味食物可用甜味來做風味上的平衡，或是讓鮮味與苦味配對，
　　兩者風味的深度也會提升。適度的酸味也能平衡苦味，呈現有
　　趣的配對火花。

苦味的作用是多變的，很多時候似乎與其他的味道互不反應，然而，
苦味通常會減低對其他味覺的感受。苦味與甜味作為平衡的組合，
經常出現在調酒領域，無論是熟悉的香艾酒 Vermouth、義大利經
典開胃酒 Campari 或是朝鮮薊利口酒 Cynar，都是最經典的苦甜
配對代表。

苦味與甜味會相互平衡，但不會加強，所以，苦味也不會變得更苦。
這點將會在後面篇章「**點線面的建構風味**」特別講述。

而苦味與酸味的對比配對則會讓搭配變得有趣，「西西里咖啡 Sicilian Coffee」正是其中一個經典。

西西里咖啡名稱的由來一直是個誤會，在南歐溫暖燦爛的陽光下盛產黃澄澄的檸檬，有人將檸檬汁與咖啡調配的飲品稱作西西里咖啡，但在義大利西西里其實不流行這種咖啡。

無論「西西里咖啡」是怎麼被命名的，這杯酸味與苦味均衡的咖啡確實非常熱門。加入檸檬調味的咖啡特調，有一說是二戰時水源短缺，因此咖啡師用檸檬皮擦拭杯緣，再提供給下一位客人；也有另個說法是咖啡師為了掩飾劣質的咖啡豆，因此加入檸檬提味，卻意外地發現這個絕配組合。

然而酸甜果香帶出的滋味，讓原本苦澀的咖啡風味顯得更為平衡，這正是酸度與苦味對比搭配的絕佳範例。

◊ 質地與溫度的對比配對

\# 以不同質地或溫度的餐食與飲品配對，塑造出令人印象深刻的搭配。

搭配設計者可將單寧重或高酒精的葡萄酒與濃郁食物做對比配對，訴求的是讓兩者重量感平衡一致；或用高酸度、低溫或帶有氣泡的葡萄酒與清爽食物做對比配對，能夠讓細緻風味的食物不被蓋過。無論問任何主廚，他們心中對於料理完整風味的想像，一定不只著重味道，更重要的是，也包含精心設計的質地差異。

試想，以相同方式製作和調味的兩個炸雞漢堡，其中一個夾入剛炸好的炸雞，另一個則是已經冷掉的炸雞，兩者咬下去時，質地感受天差地別，酥脆的炸雞、蔬菜及柔軟的麵包，成就了最美妙的口感，讓這個小小的漢堡愉悅度滿分。又如冰淇淋，那綿密細緻、冰涼的溫度，滑過舌面的一瞬間，冰心透涼的質地與溫度，也會瞬間讓你感到幸福。

在質地的差異以外，溫度也能造就令人驚豔的餐飲搭配體驗。

雖然在世界上的酒類，以葡萄酒的風味廣度算最大，但若談到飲用溫度的廣度，又以日本酒（清酒）的飲用溫度可能性最大，透過精準的規劃與計算，能夠讓特別的溫度對比體驗發生在餐桌上。

2013 年，筆者曾為一場日本酒餐酒會設計料理與飲品溫度差異的搭配，那次的質地配對，也讓餐桌上的日本酒造社長感到驚豔。當時日本酒服務的溫度是上爛 45℃的大吟釀爛酒，搭配金桔冰沙，在兩者溫差近 60℃的質地搭配下，金桔冰沙在口中與爛酒碰觸的瞬間隨即融化，而口中只留下淡雅的清酒酒香與金桔飄逸的果香。

那次配對也算是在筆者設計餐酒搭配上最困難的一次，因為爛酒倒入杯中後，溫度會瞬間驟降，因此必須擁有默契絕佳的專業團隊，才能精準的讓日本酒與料理同步上桌。

2013 年黑龍酒造清酒法式餐酒會
MENU

清酒下酒菜
Aperitif

黑龍　特撰吟釀
KOKURYU TOKUSENGINJO
肥鴨肝慕斯　百香果與烤鰻
Duck Foie Gras Royal
Passion Fruits and Unagi Espuma

黑龍　大吟釀
KOKURYU DAIGINJO
綠節瓜　牡丹蝦塔塔與芥末魚籽
Zucchini
Sweet Shrimp Tartar and Tobiko Caviar

黑龍　本釀造酒
KOKURYU HONJOZO
雙鱘魚子醬　湯葉與微炙鮪魚
Kaluga Hybrid Sturgeon Caviar
Yuba, and Tuna

黑龍　吟釀　銀之扉
KOKURYU GIN NO TOBIRA
雪菜鵪鶉　羊肚蕈與湯凍
Quail Jambonnet
Pickled Kale and Morels

黑龍　限定大吟釀　龍
KOKURYU DAIGINJO RYU

金牌極黑和牛板腱　紅蔥與檨仔青
SRF Gold Label Flat Iron
Shallot and Pickled Mango

黑龍　九頭龍　限定大吟釀爛酒
KOKURYU KUZURYU DAIGINJO KANSHU
金桔冰沙
Round Kumquat Sorbet

黑龍　しずく　大吟釀
KOKURYU SHIZUKU DAIGINJO
FROM 水野社長
瓜納拉巧克力　清酒與香草
Cigar/Sake/Chocolate

黑龍　八十八號　大吟釀
KOKURYU NO.88 DAIGINJO
FROM 水野社長
精緻茶點
Mignardise

■ 溫度對清酒風味的改變

清酒與其它酒類最大的不同是，清酒可品飲的溫度廣度巨大，同時也會因為溫度變化而讓風味產生明顯改變。以下是隨著飲用溫度調整，清酒的風味將如何改變。

- 甜度－溫度越接近人體體溫時，甜味會增加
- 酸度－低溫入口時會感覺酸度更銳利
- 苦味－溫度提高時，苦味會減低
- 旨味－溫度提高時，旨味會增加
- 香氣－溫度高時氣味會更外放、酒精感也會更強烈

* 低溫則相反，要特別注意吟釀系酒款的細緻香氣，可能會因加熱而散失。

- -

清酒的品飲溫度分成十種，各有相對應的專用名詞：

冷酒 → 常溫有 4 種		燗酒 → 加熱有 6 種	
雪冷え	—— 5℃	日向燗	—— 30℃
花冷え	—— 10℃	人肌燗	—— 35℃
涼冷え	—— 15℃	ぬる燗	—— 40℃
冷や	—— 20℃	上燗	—— 45℃
		熱燗	—— 50℃
		飛び切り燗	—— 55℃

* 加熱的日本酒叫「燗」
（ATSUKAN）。

◊ 鹹味食物的對比配對

鹹味基本上就是其他味道的放大鏡，它會讓甜味更甜，鮮味更
　爆發，且油脂感更馥郁。

高鹹度料理可使用帶酸度、氣泡，或是帶有甜度的葡萄酒來做對比
配對，讓風味搭配帶來更多驚喜。另外，苦味高、丹寧重的酒款則
可使用鹹味來降低其澀感。

鹹味就像是料理的指揮家，它讓迷人的樂音（甜味、鮮味與油脂味）
更響亮動人，也能讓苦味或是單寧感，這種容易破壞和諧感的樂音
影響性減至最低，因此，鹹味在風味搭配上屬於十分重要的味道。

由於鹹味實在太重要，因此必須細心地思考在什麼情況下使用它？
需要使用多少？前面章節曾談到，一點點海鹽就能讓甜點更加迷人，
也能讓富有鮮味的料理滋味更加豐富，最經典的例子就是帕瑪森起
司 (Parmigiano Reggiano)。

帕瑪森起司屬於鮮味最豐富的食材之一，它在熟成階段，起司內部
會出現結晶鹽（胺基酸結晶），當你入口一品嚐到結晶鹽時，會開
啟鮮味的放大鏡，讓整個口腔中滋味滿溢。在英文中，很常形容這
種風味感受為「Flavourful」，這是味道非常飽滿的感覺，也正是
鹹味與鮮味碰撞下最經典的代表之一。

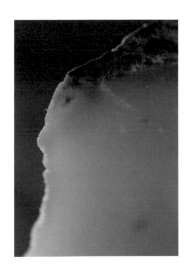

◊ 油脂食物的對比配對

使用高酸度的葡萄酒來做對比配對，訴求讓油膩食物較為清爽。
　若油脂食物與甜味和鹹味配對，風味將更為加乘。另外，油脂
　也能夠讓辣味降低，達到減辣的效果。

眾多跡象顯示，油脂味可能接續在鮮味 (Umami) 後，成為下一個
被認定的味道。油脂可溶解脂溶性分子，因此，料理要有足夠的油
脂才能嚐到它完整的風味。

更特別的是，油脂不只包含味道，也涵蓋滑順的質地，想想看，搭

配麵包吃下的那一口奶油滑順誘人的感受。當油脂同時與糖結合時，我們常稱這個組合叫作「罪惡的幸福感」(Sugar and Fat)。

當人體瞬間接受到具有糖分又充滿油脂風味的料理時，身體會不自覺的生成多巴胺 (Dopamine)，讓血液流速增快，血壓提升，此時能帶來興奮而幸福的感覺。這是經常在餐酒搭配時，刻意「設計」到菜單當中的一種技巧。

然而，過多油脂會讓人感到膩口，若想平衡油脂風味，加入酸味是最快的一種方法。由此可知，為什麼法式料理中經典的鵝肝醬汁一定是帶有酸度的果醬醬汁；或者在品嚐辛辣高油脂的麻辣鍋會配上一壺酸梅湯；又為什麼在品嚐油膩炸物時，會搭配冰涼有酸度的飲料，是因為溫度降低能讓飲品的酸度更為尖銳且明亮，好用它來與油脂平衡。

◇ 辛辣食物的對比配對

\# 辣味食物可使用帶有甜度的飲品來做對比配對，酸味也是能與辛辣食物平衡的優秀對比配對角色。

辛辣食物能與帶有甜度、高酸度或低溫的飲品做對比配對，達到平衡與降低辣感。此外，其實以油脂來減低辣感也十分有效。

吃麻辣鍋時該如何減辣？除了上述的酸梅湯外，有個有效的方法即是飲用含油脂的飲品，例如冰牛奶或優酪乳；油脂不僅會平衡辣味，更會在舌面附著上一層薄膜，能夠降低辣味對三叉神經的刺激。若要增強辣味，則可選擇酒精重、溫度高、單寧強的飲品，因為酒精會刺激口腔味蕾，讓味蕾更加敏感，可感受到更加倍的辣味。

我們雖然理解了平衡辣味的方法，但若遇到嗜辣的賓客如四川人，或許也能以高酒精度的烈酒，甚至是單寧重的葡萄酒來提升顧客對辣味的感受。這幾種方式在透徹與理解對比配對的邏輯後，都可更有效的做運用。

原產地搭配法則 Regional Food & Wine Pairings

原產地搭配法則,其實可以把它想像成調酒中的經典酒譜,因為地理、文化或歷史的原由,讓很多食材與食材、或是料理與飲品間的搭配,出現了乍看之下有趣,品嚐之後覺得神奇的組合。

無論是我們耳熟能詳的生蠔配 Chablis 白酒、法國 Roquefort 起司配 Sauternes 貴腐甜白酒、英國 Stilton 起司搭配波特酒 Port Wine,甚至是台灣經典的鹹酥雞配上台灣啤酒,原產地料理搭配原產地洒都有脈絡和規則可循。

筆者常在課堂上舉出,原產地搭配法就很像你遇見一位傾心的佳人,當終於鼓起勇氣想認識對方,問他(她)是哪裡人?才發現竟與你來自同一座城市甚至畢業於同一所學校,這時你們的背景有了難得的交集,成長經歷也有很多共鳴,自然而然就很容易聊得更自在又契合。

原產地搭配法則正是如此。請別忘了,葡萄酒也是農產品的一種,因為它們同時接受了相同的陽光、雨水、氣候的培育,自然跟當地食材搭配得很不錯;特別明顯的情況,就是歐洲乳酪與葡萄酒的搭配。乳酪本質也是農產品的一種,經由收穫、發酵然後熟成,與葡萄酒有異曲同工之妙。

因此,在歐洲眾多乳酪當中,若你不清楚那一種乳酪適合搭配那一款葡萄酒,基本上,只要先找到乳酪的產地,然後再選同產地的葡萄酒來搭配,都會是很和諧的組合。

類型	起司名稱	國家 / 產區	建議搭配酒款
新鮮乳酪	Fromage Blanc	法國全境	Vouvray,Beaujolais
	Brocciu	法國 / 科西嘉島	Marc de Corse
	Ricotta	義大利全境	Cortese di Gavi, Pinot Grigio
	Mozzarella	義大利全境	Soave, Pinot Grigio
	Mascarpone	義大利全境 / 倫巴底為主	Prosecco, Asti
	Feta	希臘, 巴爾幹半島	Assyrtiko, Dafni
白黴乳酪	Camembert de Normandie	法國 / 諾曼第	Cidre, Champagne, Calvados
	Brie de Meaux	法國 / 莫城	Margaux, Chambolle-Musigny
	Coutances	法國 / 諾曼第	Cidre, Calvados
	Chaource	法國 / 香檳	Blanc de Noirs Champagne, Chablis
	Tuma dla Paja	義大利 / 皮耶蒙特	Nebbiolo
洗浸乳酪	Munster	法國 / 阿爾薩斯	Gewurztraminer, Pinot Gris, Vendange Tardive
	Mont d'Or (Vacherin)	法國 / 朱羅	Côtes du Jura
	Epoisses	法國 / 布根地	Chardonnay, Gevrey-Chambertin, Marc de Bourgogne
	Taleggio	義大利 / 皮耶蒙特	Nebbiolo

類型	起司名稱	國家 / 產區	建議搭配酒款
山羊乳酪	Sainte-Maure de Touraine	法國 / 羅亞爾河	Chinon, Bourgueil
	Crottin de Chavignol	法國 / 羅亞爾河	Sancerre Blanc
	Murazzano	義大利 / 皮耶蒙特	Nebbiolo, Barbera
	Azeitão	葡萄牙 / 里斯本	Port, Vermouth
藍黴乳酪	Roquefort	法國 / 亞維宏	Sauternes, Barsac
	Gorgonzola	義大利 / 皮耶蒙特	Nebbiolo, Moscato d'Asti, Passito
	Stilton	英國 / 德比郡，萊斯特郡，諾丁漢郡	Port, Oloroso Sherry, Whisky
半硬質乳酪	Tête de Moine	瑞士 / 貝勒雷	Chasselas, Ermtage, Petite Arvine
	Samsoe	丹麥	Witbier (White Beer), Blanc de Blancs Champagne
	Queso Manchego	西班牙 / 拉曼查	Airén, Tempranillo, Garnacha
	Emmental	瑞士 / 伯恩州	Chasselas, Pinot Gris, Pinot Noir
硬質乳酪	Comté	法國 / 朱羅	Côtes du Jura, Trousseau, Savagnin
	Parmigiano Reggiano	義大利 / 艾米利亞 -- 羅馬涅	Sangiovese, Lambrusco, Malvasia
	Gruyère	瑞士 / 弗里堡州	Chasselas, Pinot Noir
	Gouda	荷蘭 / 高達	Witbier (White Beer), Cabernet Sauvignon
	Cheddar	英國 / 切達	Merlot, Whisky

講到地酒搭配地菜最經典的國家，筆者會特別介紹日本與義大利。日本整體的料理風格比起世界上其他國家，「鮮味」是它最大的特色。前文曾提到，鮮味（麩胺酸 Glutamates）是由日本的池田菊苗（Kikunae Ikeda) 教授，於 1908 年從昆布海帶湯中發現的味道。

日本料理中，有許多食材都充滿十足的鮮味，像是北海道干貝、海膽壽司，或任何使用高湯製作的料理；而日本酒──清酒 Sake，則是最能完美與鮮味平衡的酒類。因為，日本酒基本上不會存放在橡木桶內，本身也沒有葡萄皮上所賦予葡萄酒的多酚 (Polyphenol) 與單寧酸成分，因此在配對海鮮或鮮味十足的料理其實更為容易。

日本酒也因為不是果實酒，很難具備高酸度；雖然日本料理整體鮮味很高，但酸度卻屬於比較中等的風格，所以低酸的清酒搭配日本料理也不會顯得不平衡。最後，清酒雖然酒精度比葡萄酒還要來得高，但它還是屬於釀造酒的範疇，搭配食物不會像蒸餾酒來得有負擔和濃烈。

除了清酒以外，日本釀製的葡萄酒也非常適合搭配日本料理。不論是北海道知名的白葡萄 Kerner、紅葡萄 Pinot Noir，或是更南邊一點，勝沼地區知名的甲州白葡萄 Koshu，甚至是最近由日本釀酒師積極復育的紅葡萄品種 Muscat Bailey A，都非常適合與日本料理一起享用。

義大利料理則是建構在酸味之上，它是全世界料理酸度普遍偏高的代表，在生活中經常使用高酸的食材；例如，番茄與葡萄酒醋，這兩項基本上是義大利人的必備食材。有趣的是，相同陽光、雨水、吹拂的風造就出來的義大利紅葡萄酒，整體而言也屬於高酸度代表。

酸度高的料理，搭配的飲品必須與食物擁有相同的酸度或是更酸，不然就會讓料理顯得平淡沒有活力。因此，下一次若不確定義大利菜適合配什麼飲品，不妨跟搭配乳酪的方式一樣，先了解一下這是義大利那一個地區的菜餚，接著再找尋同地區的葡萄酒，你一定會發現這是最平衡與和諧的配對。

2014 年，時任亞洲最佳女主廚，來自曼谷 Bo Lan 餐廳的 Duangporn Songivsava(Bo) 主廚，曾經到台中樂沐餐廳舉辦客座餐會。Bo 主廚的主菜挑選了泰國料理最經典的傳統綠咖哩飯。筆者為這場餐會設計餐酒搭配的酒單時，面對這道不熟悉的主菜，著實思考了許久；最初想使用一款帶有辛香料氣息的法國 Alsace 白葡萄酒 Gewurztraminer，不過到最後還是更換了它。

當時我打電話給一位泰國好友詢問，若是在泰國，傳統上最佳搭配咖哩料理的酒品是什麼？他馬上回答「啤酒」。

因此那次客座主菜的搭配酒款，挑選了少見的比利時修道院年份啤酒 (Gouden Carolus Cuvee van de Keizer Imperial Dark) 來搭綠咖哩飯。記憶很深刻的是，Duangporn Songivsava 主廚來到台灣看到筆者的第一句話正是：「主菜我們選什麼酒款搭配呢？」筆者回答到：「啤酒」，只看見 Duangporn 主廚給了一個大大的微笑。

搭配漢堡薯條最適合的絕對是可樂，那帶著豐富油脂感、鹹味與梅納反應鹹香的漢堡薯條，極度容易「獎勵」口舌，但也非常容易讓味蕾感到疲乏。若要解除油膩感，帶來清爽的感受，沒有什麼比一杯帶有氣泡的冰涼飲品還要來得合適了。

但若僅是一杯冰涼的氣泡水，在重量感和風味層次上沒辦法與漢堡薯條匹配，因此，一杯加入檸檬的冰涼可樂，簡直就是最完美的選擇。帶著甜味和酸味的可樂加上檸檬片，能夠與鹹味和油脂風味完美結合，這就是最經典的美式料理原產地配對。

接著，我們用美國葡萄酒來搭配美式料理，場地轉移到美式餐廳，點了一盤經典 BBQ 醬碳烤豬肋排，搭配上美國加州最經典的紅葡萄品種 Zinfandel 所釀製的紅葡萄酒，那種濃郁果香、高酒精感混合著新橡木桶、煙燻、香草、奶油氣息的紅葡萄酒，絕對是桌上最完美的選擇。或是也可挑選法國經典橡木桶風味 Chardonnay 白葡萄酒，搭配美式起司奶油醬魚排，料理中的奶油質地與馥郁

的起司，剛好能與美國 Chardonnay 的橡木桶白酒完美配對。但若把 Chardonnay 換成法國布根地的 Chablis 產區白酒來搭配，Chablis 可能會瞬間變得清淡如水。

最後，也來聊聊台灣原住民料理的經典地酒搭配——山豬肉與小米酒。通常，山豬肉會使用許多辛香料醃製，若是用特殊的木柴來烤製，例如，容易取得的龍眼木或相思木，更能帶出獨特的煙燻風味。而最傳統搭配山豬肉的酒款，絕對是原住民釀製的小米酒（魯凱語：Kabavane）。

在同部落裡，每個家族都會釀出不同風味的酒，有些糯米放的多一些，口味便偏甜，或許還隨著酒麴的不同而帶有一絲熱帶氣息；有些小米放的多一些，則酸香明顯。喜歡氣泡口感的，過濾後直接裝瓶不須高溫滅菌，酒中酵母菌便會持續作用產生氣泡；或是高溫滅菌後的小米酒一口飲下，溫潤甘甜又迷人。

整體來說，小米酒同時帶有甜度、酸度以及米的質地，搭配帶有鹹味與香料氣息的烤肉料理，更能與其平衡（酸甜鹹金三角平衡）。無論是鹹度與甜度、油脂與酸度、或是蛋白質與米質地的平衡，都讓這個屬於台灣原住民經典地菜配地酒的表現顯得非常動人且印象深刻。

▲ AKAME NO.5 KABAVANE
Weightstone 酒莊／ AKAME 餐廳五週年小米微氣泡葡萄酒

點線面的建構風味 Flavors Construction

我們已經對風味建構有了清楚的理解，接下來便可開始思考風味架構。要建立風味的點線面，就如同蓋一棟樓房；風味是以堆疊的累加設計來建立，若是堆疊的不夠平衡，風味便有傾倒的可能；若風味的建立過於平淡，則會像是一棟普通樓房，不僅無法讓人印象深刻，也可能顯得平庸。

◊ 料理的點線面風味建構

料理的基本架構不外乎**「鹹味與蛋白質」**，這兩者正是料理風味建築的地基。若想要搭建出紐約摩天大樓般的巨型料理風味，如美式料理，則必須先把基地建構得夠巨大；但若你希望建築精巧典雅，如京都的町家屋舍，像是日式料理，則地基不需要鑿得非常深，也無需很多的鹹味與蛋白質。

當地基打好後，便可往上累加風味。我們以**「甜味與食材熟成的滋味」**，做為蓋大樓所使用的混凝土或鋼筋；甜味與熟成風味，能於地基上再築起堅實的結構，讓原先鹹味與蛋白質所建構出來的面，成為立方體的樣貌，同時讓料理的風味更加完整。接著，料理中的**「酸度與辛香料」**，則是建築的美學設計，雖然不需要加太多，卻能讓一道料理出現迷人的滋味，顯得獨特且動人。

舉個例子，常見的**紅醬番茄義大利麵**（Pasta al pomodoro），義大利麵本身是蛋白質，煮麵時會加入鹽來提味，當義大利麵煮好後，如同樓房的地基已經完成，接下來要往上搭建則使用重要的番茄肉醬，這正是**甜味與熟成滋味的來源**；由番茄帶出的甜味與肉醬的熟成風味，讓原先具備的蛋白質與鹹味，更加立體與完整。

接下來再加入點綴的酸度與辛香料，可能是特選番茄帶出的酸味，或是一些些巴薩米克醋（Balsamico di Modena）；辛香料則帶出與眾不同的關鍵元素，例如胡椒、月桂葉、洋蔥、巴西利或羅勒葉，都像是建築中的窗花或油漆色彩，能讓一座大樓充滿獨特的風情和設計感，讓人過目不忘。

◇ 飲品的點線面風味建構

飲品基礎風味最核心的是**「酸味與甜味」**，若是酒精性飲品則包含了酒精，這三者如同料理中的蛋白質與鹹味，用來打造地基。要創造大型風味的飲品，相同的也必須先把基地建構得夠巨大，意思就是要有足夠且平衡的酸味與甜味，由這兩個點作為平衡建立出穩固的面。

接著加上**「苦味與熟成風味」**，就像混凝土或鋼筋，構築出堅實立體的結構，它讓原先酸味與甜味所建構出的面，能擴展成立方體的架構，飲品風味因而更加完整。接下來要增強獨特的建築設計與美學，則可使用飲品的裝飾材料，也許是帶出香氣的**辛香料、花卉**，或是進階的飲品**質地**或**溫度**，都能夠讓一杯飲品呈現特殊且不凡的樣貌。

若 以 經 典 調 酒 Negroni 為 範 例 ， 那 麼 Campari 與 Sweet Vermouth 中的**酸度**與**甜度**就是這杯調酒的地基。對比 Gin and Tonic 屬於風味輕盈的調酒，Negroni 更為複雜且風味層次多，因此在建構時必須要有足夠堅實的酸甜地基。因為使用不同的 Vermouth，甜度會有所不同，因此當酸度與甜度平衡後，接下來便可往上搭建風味的高樓。

由於 Negroni 屬於酒精性飲料，因此也必須精準的注意酒精感是否平衡，別忘記我們最初所說**「若是堆疊得不夠平衡，風味便會有傾斜的可能」**，酒精在此時的平衡度上，扮演著關鍵角色。而裝飾的柳橙皮，即為建築物中的設計美學；橙皮的精緻度、大小、狀態以及噴灑皮油的方式，是不是要放入酒中或另外再準備新的橙皮，都會影響一杯飲品的風情和設計感。最後，別忽略了飲品的溫度、冰塊的質地，也都是能建構出一杯完整、迷人飲品的重要環節。

以上是以點線面建構料理與飲品的方法。

米其林餐酒搭配規劃實例

在這個篇章與讀者分享，筆者過去曾規劃並執行過的十五次米其林餐酒宴會，其中特別的幾次餐酒搭配設計經驗。基本上不同的主廚與風格，也會對應到不同的方式；不過最初一定會先從認識米其林主廚風格與背景開始，接著挑選合宜酒款，理解餐會主廚的理念與料理設計，最後到外場人員的酒水教育訓練。

以下將從中挑選六場特別深刻的米其林餐酒會，來解析規劃一場米其林餐會應注意的事項，以及要如何全方位的理解、設計一場正式的米其林餐會餐酒搭配。

風味的基礎架構與搭配邏輯

- 2010 Jean Michel Lorain （米其林三星）
- **2011 Philippe Etchebest （米其林二星）**
- **2013 Norbert Niederkofler （米其林二星）**
- **2013 Antonio Gauida （米其林二星）**
- 2013 Jean-Francois Piege （米其林二星）
- **2014 Duongporn Songvisava （最佳女主廚）**
- **2015 Emmanuel Stroobant （米其林一星）**
- **2015 Hideaki Matsuo （米其林三星）**
- 2015 生江史伸 （米其林三星）
- 2015 Eric Briffard （米其林二星、M.O.F.）
- **2016 川手寬康 （米其林二星）**
- 2017 Julien Royer （米其林三星）
- 2018 Jean-Francois Piege （米其林二星）
- **2018 中道博 （米其林三星）**
- 2018 David Kinch （米其林三星）

* 以上標色為挑選的六場米其林餐酒會。

註 *
2011 年至 2014 年間的餐會細節收錄於《旅途中的侍酒師》一書。

◊ 2010 Jean Michel Lorain （米其林三星）
傳統且古典的米其林餐酒

Jean Michel Lorain 是筆者第一位合作的米其林三星主廚。Chef Jean Michel Lorain 的餐廳 La Côte Saint Jacques，是位在法國布根地的頂級三星餐廳。Chef Lorain 的菜色屬於經典、傳統法式料理的類型。當時的客座餐會，無論是從法國空運來台的線釣海鱸魚、小牛胸腺或佩里戈黑松露，都是十分法式的傳統老靈魂。

這場餐會酒款由時任樂沐的侍酒師 Xavier 曾孟翊所挑選，以經典的法國布根地葡萄酒，來與 Chef Lorain 的菜色做搭配。挑選了歷史悠久的布根地白酒產區 Corton Charlemagne Grand Cru，搭配主廚的經典野生線釣海鱸魚佐奧賽嘉魚子醬。

接下來的小主菜——薑味小牛胸腺、法國白蔥大黃根與櫻桃蘿蔔，以知名的布根地紅酒產區 Echézeaux Grand Cru 搭配；主菜的和牛菲力與佩里戈黑松露包心菜捲，則選擇了布根地歷史最悠久、最經典 Château de La Tour 酒莊的 Clos Vougeot。

整個餐點與葡萄酒的設計環繞著「經典」與「偉大」*，而這兩個形容詞，確實也完美闡述了這位偉大的米其林三星主廚——Jean Michel Lorain 的料理與理念。

註 * ————
布根地 Bourgogne 作為世界知名的葡萄酒產區，不僅擁有世界認可的葡萄酒品質，歷史也非常悠久。早在西元二世紀時，布根地就有人開始釀酒，隨著品質逐漸提升，目前世界上價格最高的葡萄酒基本上都是來自於布根地產區。

MENU

開胃小點
Aperitif

緬因龍蝦與龍蝦卡布奇諾　蝦膏奶油烤酥片與法式吐司
Homard en Cappuccino Tartine grillée et Pain Perdu
Lobster in a Cappuccino, Grilled Bread Spread and French Toast

2007 Verget, Corton Charlemagne Grand Cru

淡燻法國野生線釣海鱸佐奧賽嘉魚子醬
Bar Légèrement Fumé au Caviar Osciètre
Lightly Smoked Sea Bass, <Oscietre>Caviar Sauce

新鮮北海道扇貝佐乳酪慕斯與阿爾巴白松露燉飯
Coquilles Saint Jacques, et Risotto aux Truffes Blanches d'Alba
Sea Scallops and White Truffle Risotto

薑味小牛胸腺 法國白蔥 大黃根與櫻桃蘿蔔
Noix de Ris de Veau au Gingembre, Petits Oignons,
Rhubarbe et Radis Roses Ginger-Accented Hearts of Veal Sweetbreads,
Pearl Onions, Rhubarb and Young Radishes

2006 Confuron-Cotetidot, Echezeaux Grand Cru

Michel Lorain 和牛菲力佐佩里戈黑松露包心菜捲
Filet de Boeuf Truffle aux Choux <Michel Lorain>
Beef Fillet and Truffle in Cabbage "Michel Lorain"

Or

鑲鴿胸佐開心果油拌鷹嘴豆泥　炒青蔬　阿拉比卡咖啡醬汁
Filet de Pigeon Farci,
Crème de Pois Chiches à l'Huile de Pistache et Légumes Glacés, Sauce Arabica
Stuffed Farm Raised Pigeon Fillet,
Chickpeas Cream with Pistachio Oil and Glazed Vegetables, Arabica Sauce

2004 Château de La Tour, Clos Vougeot Grand Cru

柑橘佐奶油酥餅　檸檬卡士達與蜜柑冰沙
Petit Sablé aux Agrumes, Crème au Citron et Sorbet Mandarine
Sablé with citrus fruits, light lemon cream and mandarine sherbet

主廚精製小點
Mignardise

◊ 2013、2018 Jean-François Piege（米其林二星）

持續進化、古典與現代並行的餐酒搭配

法國主廚 Jean-François Piege 對樂沐法式餐廳來說,是一位非常重要且特別的客座主廚。

樂沐餐廳陳嵐舒主廚當時在法國學藝時,就在巴黎頂級飯店 Hotel Crillon 中 Les Ambassadeurs 法式餐廳實習;2004 年到 2009 年期間,Chef Piege 正是 Les Ambassadeurs 餐廳總主廚。Chef Piege 在 Hotel Crillon 的料理中,展現了法式料理最精緻、華麗與絢爛的美好;他兼具雄偉風格與巧奪天工的技術,都為當代法式高級料理 (Modern Haute Cuisine) 立下典範。

這也使得陳嵐舒主廚回到台灣後,依循 Jean-François Piege 對料理的高度、追求不容妥協的規格與堅持,創辦了樂沐法式餐廳。因此,2013 年 Jean-François Piege 來到樂沐餐廳客座,確實對樂沐或是台灣,都是一件重要的餐飲盛事。

筆者曾幸運的規劃過兩次 Jean-François Piege 餐會搭配的酒款。第一次是在 2013 年,另一次則是樂沐準備結束營業的 2018 年。兩場米其林餐會相隔五年,期間不只感受到 Chef Piege 料理風格的改變,也看見台灣在餐酒搭配風格的轉變,甚至賓客對於餐酒搭配喜歡的方向也不一樣了。

2013 年的客座裡,Chef Piege 當時已經放下 Les Ambassadeurs 宏偉和巧奪天工的華麗技術,那時他已離開 Hotel Crillon,並與法國旅館業大亨 Thierry Costes 合作買下巴黎第七區的 Thoumieux 精典飯店,位於飯店中的二樓則是以 Chef Piege 命名的 Thoumieux de Jean-François Piege 二星餐廳。

Chef Piege 的風格似乎也隨著離開宮殿式的 Palace Cuisine,轉而成為如同 Thoumieux 飯店裝潢一般,沒有昂貴畫作、純銀餐具以及身著深色西裝戴著白手套的服務侍者,取而代之的是,細緻典

> ʃʃ
> 「我對法國料理的熱情,從沒改變;最經典的法式料理雖不斷地重複,但在複製的過程中,廚師必須不斷地學習和改變。」
> ——— Jean-François Piege
> ʃʃ

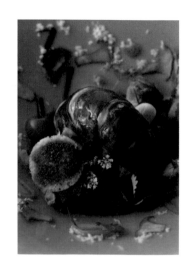

2013 年客座餐會 *MENU*

NV Marc Hebrart Champagne Brut

Les Grignotages
下酒菜

Feuille de Cacahuète / condiment anisé 花生脆片與茴香醬
Mon jambon beurre cornichons 火腿奶油與酸黃瓜
Cromesquis de brandade de morue 鹽漬鱈魚球
Anchois pilé / citron confit / légumes de chez Joel 鯷魚／醃製檸檬／蔬菜

Pizza Soufflé / Truffe
膨脹的披薩／黑松露

2009 Puligny Montrachet Ier Cru 'Champ Canet' Domaine Etienne Sauzet

Bouillon d'une poule / Infusion Champignons / Foie Gras / Quignons de Pain
老母雞湯／野菇汁／肥鴨肝／麵包丁
Homard poché au beurre demi-sel / Bouillon de coco / Condiment de piquillos
波堤耶奶油煮緬因龍蝦／椰子湯／西班牙紅椒醬

2007 Côte Rôtie 'La Landonne' Domaine Rene Rostaing

Filet de Wagyu <Snake River Farm> / Condiment estragon-poivre sauvage
/ Vieux vinaigre / Fines tranches de pomme de terre croustillante
極黑和牛菲力／龍艾與野生胡椒醬／陳年酒醋／馬鈴薯薄片

Blanc à manger suçré
招牌蛋白糖霜

Fine tarte croustillante chocolat-mûres
巧克力桑葚塔

Macarons ／伴手禮馬卡龍

雅的喀什米爾地毯、摩登現代精品家具,低調中透露出絕佳的巴黎品味與現代元素的風格。

當時 Chef Piege 來到台灣客座,也特別要求運送了一批他專門訂製、用來盛裝開胃小點的瓷盤,於樂沐使用。這組現代且雅致的瓷盤,正完美呈現出當時 Chef Piege 風格與料理狀態。

在那場餐會,我所挑選的酒為法國經典偉大產區,但其走向帶有經典與現代融合風格的酒款。以 Domaine Etienne Sauzet 的 Puligny-Montrachet 極富盛名的 Champ Canet 一級葡萄園,搭配鴨肝前菜,以及使用北隆河的 Domaine René Rostaing Côte Rôtie"La Landonne"來佐主菜極黑和牛菲力。

2018 年 Chef Piege 到訪樂沐法式餐廳舉辦第二次餐會,當時的 Chef Piege 已經在營運個人擁有的第一家高端餐廳,名為 Le Grand Restaurant de Jean-François Piege(2015 年 9 月 開幕),這時他的風格又出現了轉變。如同他在樂沐客座時端出燜烤血鴨般的驚艷,主廚不斷鑽研法國古老食譜,在手法上依循傳統,精神則悠遊於傳統法菜精髓之中,再融入獨特創意與自己的華麗天賦。因為 Chef Piege 基本功力完整,且自身經歷格局宏觀巨大,讓 Le Grand Restaurant 開幕不到一年就拿下米其林二星。

當時筆者謹慎的思考挑選酒款,在搭配 Chef Piege 的料理時,希望能拉出更多傳統和現代共存共融的法國酒來做配對。例如,北隆河最華麗又經典的 Condrieu 產區白酒,挑選在當地的偉大酒莊 -Domaine Georges Vernay Condrieu 來搭配前菜——草木樨考芹菜頭、佛手柑和咖啡。

再者,使用少見的 Gigondas 粉紅酒來搭配 Chef Piege 的石烤螯蝦、焦化奶油。這些配搭都是希望能透過傳統與經典的對撞,使 Chef Piege 美好的料理有更多層次的火花。

> 「保存來自食物和原料的所有風味,並賦予它記憶的味道。」
> ——— *Jean-François Piege*

餐會結束後，與 Piege 主廚聊天時發現，原來他最心儀的釀酒師是
Lalou Bize-Leroy 女士，也就是 Domaine Leroy 的莊主，Chef
Piege 還給我看了幾張沒多久前，他在 Domaine Leroy 舉辦客座
餐會的照片。確實，Lalou 女士是布根地自然派葡萄酒的重要推手，
她的思想和技術雖然傳統，但理念與想法超前，十足自信，甚至到
了有些不可一世的地步。但每位只要品嚐過 Domaine Leroy 酒款
的飲者，無不對瓶中葡萄酒的美好與絕妙風味表現，啞口無言給予
欽佩。這華麗、優雅、動人且珍貴的 Leroy 葡萄酒，正完全符合
Chef Piege 的樣貌、料理哲學與理念。

因此，規劃一場大型、正式的餐酒會前，若能先認識主廚的風格、
學習背景、工作經歷，甚至是喜愛品嚐的酒款類型，那侍酒師將能
更精準地挑選出一款完美搭配主廚料理的酒款。

〔〔
「拆解宮廷料理與小酒館菜色從
來難不倒 Jean-François，他總能
把兩者結合的很棒。」
────── *Chef Yves Camdeborde*
〔〔

2018 年客座餐會 *MENU*

2008 Blanc de Blancs <Cuvée Le Moût Restaurant>
Champagne Bauget-Jouette

Les Apéritifs
開場小點心 (LC)

Oeuf de caille en meurette en tartelette
紅酒蛋塔 (JFP)

2016 Condrieu Domaine Georges Vernay

Cuit sur du mélilot sauvage,
Céleri rave des jardins, beurre battu infusé des peaux, bergamote
草木樨烤芹菜頭　奶油，佛手柑，咖啡 (JFP)

2009 Pernand – Vergelesses 1er Cru Sous Frétille Domaine Pavelot

Anguille frite à l'huile de sesame,
Bulbe de lys, winter black truffle, Madeira, horseradish
芝麻油炸白鰻　百合，冬季黑松露，馬德拉酒，辣根 (LC)

Langoustines de belle taille cuites sur un pavé parisien,
Épinard au beurre noisette, sarrazin soufflé, coeur de celtuce
石烤螯蝦　焦化奶油，菠菜，蕎麥，萵筍 (JFP)

2014 Côte Rôtie <Esprit de Blonde> Pierre Gaillard

Cuit à la plancha,
Ris de veau, cerfeuil, topinambour, piment vert, citron sauvage
仔牛胸腺　山蘿蔔，菊芋，青龍辣椒，野檸檬 (LC)

1998 Pommard 1er Cru Pezerolles Domaine Mussy

Cuite à l'étouffée sur des noyaux d'olives,
Canette au sang, jus de la presse lié de la pulpe, pommes sacristain comme avant
橄欖核燜烤血鴨　黑橄欖肉汁，牛肝蕈，聖克斯丁馬鈴薯捲

Lemon and Coffee
檸檬與咖啡 (MH)

2009·Vin de Pays des Côteaux de l'Ardèche Grains Passerillage Blancs
Domaine du Grangeon

Blanc à Manger
主廚蛋白糖霜 (JFP)

Mignardise
小茶點

◊ **2015 生江史伸 （米其林三星）**   * 餐廳於 2021 年拿下米其林三星
哲學與當代並行的東方法式料理

2015 年是筆者合作最多位主廚的一年，這年也開始與日本主廚合作。生江史伸 (Namae Shinobu) 在眾多客座主廚中，是一位集思考力、技術能力與魅力於一身的主廚。身為日本首屈一指的 L'Effervescence 法國餐廳主廚與負責人，Chef Namae 出生於日本橫浜，曾在日本北海道 Michel Bras 三星餐廳擔任副主廚職位，在 2010 年開設 L'Effervescence 之前，也前往英國頂尖主廚 Heston Marc Blumenthal 的三星餐廳「The Fat Duck」擔任副主廚。

在與 Chef Namae 對談當中，他了解到自己非常清楚能有多少技術使用在料理上，但其中又有多少技術是多餘的，應該被去除，這是非常重要的自我察覺能力；就像侍酒師要認知那種餐酒搭配可以做得很滿，而那一種餐酒搭配卻是過多必須移除的。

例如，鵝肝和貴腐甜酒的搭配，一直以來都會讓賓客體驗到絕佳配對的興奮感（因為油脂和甜味），但若是一直以這種高強度的配對法，其實也容易讓味覺疲乏和麻痺。這也就是為什麼 Cocktail Pairing 持續在降低飲品的酒精度與甜度；因為酒精和甜味是會加乘累積的，若持續性地感受甜度與酒精，容易讓人感到壓力與疲乏。

Chef Namae 的接受度很廣，也非常樂意嘗試。印象最深刻的是在當年餐會中，Chef Namae 希望用濁酒 (Doburoku) 來做料理，而當時濁酒在台灣很難取得，筆者剛好在酒窖中找到幾瓶不久前去花蓮造訪朋友時，當地原住民朋友自己釀製的小米酒，突然一個靈感，將花蓮小米酒給 Chef Namae 品嚐，並說這是台灣的濁酒 (Doburoku)。

雖然，這是一瓶連酒標都沒有、看起來有些奇怪的酒款，不過，因為 Chef Namae 對發酵也十分有研究，且對侍酒師專業信任，喝了一口後，他便顯露出經典的靦腆微笑，說道就用它了。那次的餐會

《《
「傳統的食物比較容易『好吃』，新派料理則比較冒險。也許你比較想要待在舒適圈裡，被傳統的食物保護。廚師必須注意味道，才能讓新派烹飪變得圓滿，否則新派烹飪只是新奇有趣的玩笑。」
—— *Namae Shinobu*
《《

也是米其林客座主廚第一次使用小米酒來料理，除了小米酒外，當時 Chef Namae 也使用了紹興酒入菜。

這次餐會的選酒，我挑選的主軸希望是在講述法國與日本，因為 Chef Namae 與嵐舒主廚的成長背景都是十分法國的，此外，自 2014 年第一期清酒喇酒師課程（SSI 日本酒侍酒研究會清酒喇酒認證課程）＊ 開始後，台灣清酒文化興起，有越來越多的清酒愛好者，他們不只在日本料理餐廳中品嚐清酒，也願意接受在歐美餐廳中嘗試清酒搭餐。

這次餐會挑選了輕快、優雅的 Bruno Paillard 粉紅香檳作為開場，搭配 Chef Namae 的昆布漬紅鮋開胃菜。接著是日本櫪木縣仙禽酒造 クラシック龜ノ尾純米大吟釀，搭配宣威火腿昆布蒸蛋、石蚵與正山小種茶料理。龜ノ尾米種俗稱悍馬，在釀造過程中極難操作．仙禽第一年參加新酒評鑑會便用龜ノ尾，獲得評審極高的評價；因為在仙禽出現之前，沒有人可以把龜ノ尾做得如此出色。這也對應到 Chef Namae 並不像傳統日本法式料理主廚科班出生，他在大學時讀的是政治學，直到接觸 Michel Bras 後，才一腳踏入法式料理的領域。

∫∫
「烹飪雖然是個人的，但一個人並不會自己長成現在的樣子。你會被各種事物影響，環境培育了你。就像這次我來台灣，這裡的一切都會帶給我新的刺激，我吸收、消化，把所見所聞變成我的一部分，然後藉由料理傳達我的感受。」
——— Namae Shinobu
∫∫

註＊ ———
日本酒侍酒研究會 SSI（SAKE SERVICE INSTITUTE）：成立至今約有 30 年歷史，在 SSI 體系中是最初階的認證是 SAKE Navigator，第二級則是喇酒師 Kikisake-Shi/Sake Sommelier，再往上還有酒匠與日本酒學講師。

MENU

NV Rosé Brut 'Première Cuvée' Champagne Bruno Paillard

"Start of the Journey "
Kampachi "Kobe-jime," Nama-Shirasu, Bottarga, Yuzu, Sichuan Pepper
"啟程" 昆布漬紅魽，小銀魚，烏魚子，柚子，陳年紹興，花椒

"Just Like the Apple Pie"
Blazei Mushroom, Spinach, Sweet shrimp, Apple, Cinnamon
"蘋果派" 姬松茸，菠菜，甜蝦，蘋果，錫蘭肉桂

龜の尾 純米大吟醸 仙禽酒造

"Comfort Zone"
Chawan-mushi, Stone Oysters, Fermented Black Beans, Tea Broth,
White Truffle from Alba
"茶碗蒸" 烏骨雞蛋，石蚵，黑豆豉，阿爾巴白松露，茶湯

"Surf and Turf"
Goose Foie Gras Terrine, Sea Cucumber, Celery,
Cucumber, Soy Sauce Caramel
"山珍海味" 冷壓肥鵝肝，刺參，西芹，小黃瓜，醬油焦糖

NV Crémant de Jura Domaine Berthet Bondet

"Long Life Green"
Mustard Green, Smoked Mussel, Jus d'Agneau
"長年菜" 大芥菜，煙燻淡菜，香草沙拉，烤羊肉汁

"Northeastern Coast"
Amadai Scale-on Pan Fry, Burdock, Maitake Mushroom,
Napa Cabbage and Sabayon
"東北角" 油淋馬頭魚，牛蒡，舞茸，大白菜，沙巴雍蛋黃醬.

2013 Tsugane La Montagne Merlot Beau Paysage

"The Japanese Root"
Canard de Challans Rôti, White Miso, Persimmon, Radish, Crown Daisy Green
"和風" 橡木烤夏隆鴨，白味噌，柿子，酸酪漬蘿蔔，春菊

"L'Effervescence X Le Moût"
Gin and Tonic
"有氣泡的樂沐"

"Arashiyama"
Winter Garden
"冬嵐" 石庭園

"Sweet Dream"
Mignardises and Matcha
"甜美的夢" 小茶點與抹茶   *Dessert by Makito Hiratsuka

接下來，使用法國 Jura 的氣泡酒，以及 Sancerre 的典雅白葡萄酒搭配大芥菜、煙燻淡菜醬、香草沙拉及烤羊肉汁，希望把主軸拉回法國，Vincent Pinard 與 Domaine Berthet Bondet，都是遵循自然與有機的理念來釀酒。另外，還有一件重要的事，法國的 Jura 與 Loire 產區，都是歷史悠久、富有盛名，但卻被低估的產區，當時挑選它們，也是希望這兩個美好產區的酒能被飲者認識且品嚐到。

在這場餐會中，最特別的一個酒款是搭配主菜夏隆鴨、日本黃芥末、京都白味噌及米醋醬汁，日本 Beau Paysage 酒廠的 Tsugane Merlot 紅葡萄酒，是特別從日本酒廠空運，專門為了這場餐會而使用的酒款。Beau Paysage 絕對算是日本葡萄酒界的逸品，酒廠莊主岡本英史以絕對職人的精神在山梨縣釀酒，用的是國際品種 Cabernet Sauvignon、Merlot、Chardonnay，不同於目前北海道所興起的自然派清新風格，岡本英史釀造的酒古典且嚴謹。也因為酒廠基本上僅提供給日本最好的餐廳，因此要在日本國外品嚐到 Beau Paysage 幾乎不可能。為了這場餐會，我們特別安排了兩箱該酒款，自日本山梨縣直送到台灣的樂沐法式餐廳。

〞

「*法國料理是一種通行世界的語言，能讓不同文化了解各自的風土與偏好。現代西方餐飲的基礎是由法國料理所奠定的，無論烹飪技巧、廚房編制、菜單開法、服務模式皆然；西餐廚師要做的事情，就是學會這套架構，再自由發想、實驗、變通。在這體系下的廚師可以用法國料理說不同的故事，地方物產與飲食文化成為敘述主軸，做菜也成為廚師展現個人生命經驗的手段。*」

—— *Namae Shinobu*

〞

◊ 2015 Eric Briffard （米其林二星、M.O.F.）
古典且雋永的法式餐酒搭配

2015 年的另一場重要米其林餐會，是法國主廚 Eric Briffard 的客座。Chef Eric 出生於法國布根地，14 歲便入行法國廚藝界，19 歲取得法國國家廚師證照，27 歲赴日本東京成為皇家公園酒店 (Royal Park Hotel Tokyo) 總主廚。29 歲他投身「世紀大廚」Joel Robuchon 門下，被 Joel Robuchon 視為廚師生涯中最得意弟子。隔了幾年，Chef Eric 便以年僅 32 歲之姿榮獲法國廚師界的最高榮譽，並由法國總統親自頒發 Meilleur Ouvrier de France （法國最佳工藝師），完全可以窺見 Eric Briffard 的努力以及驚人的天份表現。

Chef Eric 職涯上最重要的經歷，就是他曾在 2008 年至 2013 年，坐鎮巴黎指標飯店——喬治五世飯店 (Hotel George V) 的 Le Cinq 頂級餐廳。Hotel George V 法菜餐廳廚房，被喻為「全世界最壯觀宏偉的法餐廚房」，Chef Eric 在那裡每天要領著超過 110 位廚師工作，而當時他以極緻完美的廚藝、經典卻華麗的料理風格，為該餐廳奪得了無數美譽，絕對是法國重量級名廚之一。

在當時確定了 Chef Eric 的到訪後，筆者便開始深入了解主廚的背景，包含他年輕時在日本的經歷，以及他經典、傳統與古典的料理風格。這些資訊讓我在挑選符合風格的酒款有了更多想像。

在那場餐會中，筆者做了一位侍酒師生涯中大膽的決定，那就是在一場米其林餐會中，不挑選任何紅葡萄酒。在 2015 年的時間點上，一般大眾還是認為沒有出現紅酒的 Wine Pairing，不算是完整的餐酒搭配，接下來會來討論為什麼那場餐會決定不使用紅葡萄酒。

那次 Chef Eric 在台灣客座的料理，幾乎都是在 **Hotel George V「Le Cinq」** 餐廳時期的菜色。當時世界上的法式料理已經越來越走向 **「新派料理」** * 的風潮；甚至在無國界、分子廚藝的浪潮下，有越來越多廚師並沒有完全理解法菜的精神與底蘊，只追尋技巧與

> 「應該是無論時代如何變化，正統法國美食都要保留幾個要件：一、以繁複廚藝演繹菜餚，二、以醬汁 (Sauce) 為菜餚賦味，三、要有華美的呈盤。法國正統美食必須是哈英咀華、透過繁複廚藝、細膩做工、並以多元食材熬製出的醬汁賦味，最後再以華美姿采呈盤上桌的食藝作品。」
> —— Eric Briffard

註 *
新派料理 (Nouvelle Cuisine)： 最早由 Georges Auguste Escoffier 提出，主要是將傳統濃郁的醬汁調整為清爽、更重視食材原本的風味；到了 1960-1970 年代，Paul Bocuse 與 Alain Senderens 等主廚更推升了 Nouvelle Cuisine 的哲學，這一派主廚倡導清淡、簡單、細緻的料理，呼籲使用高品質且新鮮的食材，並且提升擺盤藝術，大大改變當代法式料理的風潮與樣貌。

擺盤。因此，Eric Briffard 希望把他廚師生涯中最經典，與古典思維的法式料理獻給台灣賓客品嚐。

例如，**北海道扇貝、雙鱘魚子醬、白酒醬汁與柚子**，就是一道經典而雄偉的菜餚，由於 Chef Eric 的日本背景，因此不著痕跡的融合了日本柚子風味到這道法料當中。而另一道經典的**法國朗德黃雞，法國黃酒 Vin Jaune 燉煮、野生羊肚菌餃子、小蕪菁與番紅花**，一樣是宏偉而古典的菜餚，任何一位熱愛傳統法菜的主廚，絕對都會知道用 Vin Jaune 煮法國雞肉的經典作法，法國黃酒經過熟成帶來的古樸氣韻，是一般年輕或討喜、不夠有深度的白葡萄酒做不到的事。使用正確的料理用酒，才能夠賦予菜色更多深度，這也是要做經典法菜，你必須了解法國經典葡萄酒的原因。

這次餐會酒款的挑選，筆者希望拉出的主軸是「**古典、傳統與日本風味**」。古典與傳統是 Chef Eric 特別想要講述的事情，而日本風味，則要帶出主廚非常年輕時就有了日本文化的薰陶，在自己的法式傳統主軸中，偶爾會窺見到日本風味巧妙的融合其中。

餐會中，搭餐酒單以日本酒作為開場，挑選的是日本福井縣的歷史酒廠——黑龍酒造。1804 年，黑龍酒造初代藏元石田屋二左衛門，在日本福井縣九頭龍川附近，建立現今黑龍酒造的前身，餐會以酒造的**八十八號限定清酒**作為開場，搭配 Chef Eric 的**法國紅肉蕪菁與蟹肉‧香料蜂蜜開胃菜**。接著挑選一間獨特的法國**熟成十三年 Chablis Domaine Daniel – Etienne Defaix** 來搭配**普羅旺斯綠蘆筍**。

Etienne Defaix 的莊主非常特別，他認為好的 Chablis 需要經過時間熟成，才能有完整的表現，這正是年輕的酒表現不來的。我也認為這個想法其實與 Chef Eric 對法式料理的理念完全符合，有趣的是，當 Chef Eric 到台灣後，看到 Etienne Defaix 的酒便說莊主是他很好的朋友，我們甚至還拍了照片傳給莊主 Daniel。

接下來也挑選了一款，在正常餐酒搭配上不會做的事情：在日本酒

與白葡萄酒後，安排一款香檳來搭配小主菜。絕大多數香檳在用餐時都是做為開胃酒，但其實有深度、偉大的香檳也能夠當作頂級的白酒來品嚐。我選了兩間經典且華麗的酒廠，**Bollinger 1996 年的 R.D.(Recently Disgorged)** 酒款，以及 **Jacques Selosse 的 Substance** 酒款，來搭配 Chef Eric 的**北海道扇貝、雙鱘魚子醬、白酒醬汁與柚子**。

最後的主菜，則捨去紅酒，直接使用法國 Jura 地區最珍貴的 **Château-Chalon** 來搭配**法國朗德黃雞，黃酒野生羊肚菌餃子，小蕪菁與番紅花**。印象很深刻的是，當 Chet Eric 看到餐會的搭餐酒單時，便給了一個發自心底的微笑。

MENU

Welcome Drink from Sommelier

Petals of Meat Turnip, Crab Royal, Spiced Honey
法國紅肉蕪菁與蟹肉，香料蜂蜜

Bordier Seaweed Butter Waffle
波堤耶海藻奶油鬆餅

八十八號大吟釀　黑龍酒造

Sea Urchin Mousse with Fennel Foam
海膽慕斯與茴香

Tuna Belly in Ceviche Style, Seaweed Confit, Cucumber Jelly and Condiments
香料漬鮪魚腹肉，海藻醬，黃瓜凍與紅洋蔥

2002 Chablis 1 er Cru "Les Lys" Domaine Daniel-Etienne Defaix

Organic Small Spelt of Provence Cooked as Risotto,
Provence Green Asparagus, Cream and Parmesan Cheese
燉南法斯佩爾特小麥，普羅旺斯綠蘆筍，陳年帕梅善乳酪

1996 Bollinger R.D. Extra Brut

Scallop with Caviar, Sea Jus and Yuzu

北海道大扇貝，雙鱘魚子醬，白酒醬汁與柚子

2006 Château Chalon Domaine Berthet-Bondet

"Poulet Jaune des Landes" cooked in Vin Jaune, Morel Agnolotti,
Radish and Safran

法國朗德皇雞，黃酒，野生羊肚蕈餃子，小蕪菁與番紅花

Tea from Sommelier

Frosted Black Lemon, Earl Grey Tea Mousseux

伊朗黑檸檬雪酪，伯爵茶慕斯

Raspberries in Hibiscus Flower Jelly, My Vanilla Sorbet and Basil Mousseux

覆盆子與洛神花凍，主廚特製香草雪酪與羅勒葉慕斯

Les Gourm'andises

法式小茶點

風味的基礎架構與搭配邏輯

◊ 2017 Julien Royer （米其林三星） <small>＊餐廳於 2019 年拿下米其林三星</small>
傳統法式料理新演繹

主廚 Julien Royer 是一位年輕、才華洋溢的天才型主廚。身為新加坡首屈一指的 Odette 法國餐廳主廚，他讓新加坡的法餐完全提升到另一個新高度。Chef Julien 出生於法國奧弗涅 Auvergne，是一座群山環繞的鄉村小鎮，祖父母和雙親皆以務農為生，懂得善用手上的食材悉心烹調。因此，主廚對時令食材的敏銳度和對美食與料理的標準，若說是從家庭料理建立起來的一點也不為過。

Chef Julien 在青少年時期，就到了世界知名、位於法國 Laguiole 山區 Michel Bras 的 Restaurant Bras 學習廚藝。2008 年搬到新加坡，在 St Regis 酒店的 Les Saveurs 餐廳擔任主廚。接著 2011 年到 2015 年，Chef Julien 在史丹福瑞士酒店 Swissôtel The Stamford 擔任 JAAN 主廚。2015 年起開始了自己的餐廳，並以他祖母之名「Odette」為餐廳命名。

Odette Restaurant 位於新加坡國家美術館 (National Gallery Singapore) 中，一開幕，便持續寫下傳奇的篇章，2016 至 2018 年旋風般拿下米其林二星的殊榮，也空降拿下「亞洲 50 最佳餐廳」初次入圍、最高名次的亞洲第九名，接著在 2019 年成功問鼎法國料理界中最高的殊榮——米其林三星，於同年「亞洲 50 最佳餐廳」評比晉級勇奪第一名。

Chef Julien 的成功並不是僥倖，在與他近距離的合作下，清楚且明顯的感受到他身上的能量，在料理上的才華不用說，Chef Julien 思路非常精準且清晰，但最讓筆者感到景仰的是，他永遠帶著滿滿的謙虛與對社會或其他人的關懷之心，有時候在討論料理或食材，眼神也會透露出對法國文化的極度興趣，甚至流露出純真和充滿熱情的眼神。

也因為 Chef Julien 是非常能夠嘗試新文化的一位主廚，在 2017 年的客座也舉辦了台灣首次的「米其林早午餐餐會」。在假日合宜

的陽光下，在這座適合慢活居住的台中，樂沐餐廳偕同 Odette 餐廳與日本的 Goh 餐廳，一起舉辦了一場獨一無二、法式與日式的早午餐會。

那次的早午餐會在十點半就開始入席，侍酒團隊先準備了前一天就製作好的**氣泡葡萄果汁**，作為一個輕鬆且愉悅的開場。接下來的**「蛋料理」**，Chef Julien 的**魚子醬燉蛋**與主廚福山剛（Goh 的主廚）的**玉子燒**，扎扎實實的切中主題，以一東一西的角度，玩味早午餐，因為沒什麼是比品嚐蛋料理，還要更像周末早午餐宴的了。

接著在新鮮葡萄汁後，也安排了**樂沐專屬的白中白香檳**，在一個悠閒舒適的早晨，一杯歡愉的氣泡香檳是最棒的開場。接下來主廚的**肥鴨肝**，香料麵包、尼泊爾胡椒、佛手柑，則是搭配一款日本酒當代崛起的**新政酒造六號酵母 S-Type 純米生原酒**，作為配對，利用清酒獨特的油脂質地、甘口滋味，對應華麗凝脂的肥鴨肝，做到質地撞質地，甜感與脂肪味的配對，試著表現出早午餐也能擁有的奢華感。

> 「一般早午餐比較輕鬆，換一個空間到樂沐吃早午餐，就不一樣了。」
> —— 陳嵐舒　主廚

BRUNCH MENU

甦醒 Fresh Sparkling Juice

EGGS on EGGS 蛋
le Puy lentils, organic egg "brouillade," Oscietra caviar (JR)
魚子醬 / 炒蛋 / 扁豆

早晨香檳 2008 Blanc de Blancs "Cuvee Le Moût Restaurant"
Champagne Bauget-Jouette

MONAKA 最中
red wine cooked eel with Japanese tamago (TF)
紅酒 / 鰻 / 玉子燒

甘脆 No. 6 S-type 新政酒造

FOIE GRAS MAISON MITTEAULT "a croquer" 肥鴨肝
gingerbread croustillant, timut pepper, bergamot (JR)
香料麵包 / 尼泊爾胡椒 / 佛手柑

TOFU 豆腐
morel mushroom, bamboo and clam (TF)
羊肚萱 / 筍 / 蛤

自然 2015 Bastingage Clos de L'Èlu

LANGOUSTINE TAFT 螯蝦塔
crustacean cream, granny smith, tonka bean (JR)
蝦 / 青蘋果 / 東加豆

BABY SQUID 御飯
rice, uni, vegetables (TF)
螢烏賊 / 海膽 / 蔬菜

YOGURT 酸酪
cereal, berries (MH)
麥片 / 莓果

MMI 珠玉
petites boules sucrées (MH)

到了晚餐時刻，夜幕低垂，當餐廳的水晶吊燈亮起，一切又返回正式與宮廷宴席般的場合，侍者穿回深色西裝，伴著悠揚的樂曲，一場宮廷餐宴即將登場。華麗的餐會中，嵐舒主廚的**「氤氳」：彰化產的牛乳生乳酪，豆薯片和蓮子泥**，帶出屬於中國料理元素般的氤氳之美，筆者挑選了台灣本地的 **2014 Weightstone 威石東 Musann Blanc 白葡萄酒**與其配對。

接著 Chef Goh 準備了**「青韻」：香魚、抹茶、茄子燒日本菜色**，則以**「淡麗」：黑龍酒造石田屋日本酒**做為回應搭配，接下來的**宮廷晚宴主菜**，Chef Julien 端出拿手料理**「晚華」：千層餡餅、乳鴿、母雞、肥鴨肝、野菇 (Pithiviers de Pigeon)** 作為晚餐的重頭戲，是十足宮廷菜的展現，而筆者則以法國經典產區**「沉醉」：2009 Châteauneuf-du-Pape Xavier Magnum** 與其配對。

無論前菜、主菜甚至是甜點，筆者都希望以料理為主，酒品為輔，讓料理能夠有站在舞台上耀眼的表現，因此，酒款挑選上偏向較內斂與輔助。餐後酒的部分，則為賓客們精選了一款 Robert Parker 滿分、世界上僅有 825 瓶的甜酒**「煙花」：1946 年 Bodegas Toro Albala "Don PX Convento Selección" Pedro Ximénez**，作為宮廷晚宴華麗的結尾。

「 」
「對我而言，宮廷料理可以把飲食的精緻、優雅與均衡提升判上一個層次，成為一種奢侈品。」
——— *Julien Royer*
「 」

DINNER MENU

口袋餅／肥鴨肝／蟹肉餅

Charred pita/Foie gras/Crab and bird's nest

(JR/TF/LC)

木杉

2014 Musann Blanc Weightstone 威石東酒莊

氤氳

台灣生乳酪／尼泊爾夏摘茶／蓮子

Stracchino cheese,Mist Valley SFTGFOP,lotus seeds(LC)

海鮮

海膽／螯蝦／淡菜／魚子醬

Hokkaido uni,langoustine tartar,mussel cloud,oscietra caviar(JR)

風土

2013 Pinot Gris Domaine Ostertag

甘味

海老／根莖蔬菜／椎茸

Shrimp,root vegtables,shiitake and burnt butter sauce(TF)

春盤

有機白蘆筍／金門牛／羊肚蕈／琉璃苣

Organic white asparagus,kinmen beef,morels,borage(LC)

淡麗

石田屋 黑龍酒造

青韻
香魚／抹茶／茄子燒
Tempura of confit ayu,grilled eggplant(TF)

沉醉

2009 Châteauneuf-du-Pape Xavier Magnum

晚華
千層餡餅／乳鴿／母雞／肥鴨肝／野菇／肉汁
Pithiviers de Pigeon,poulette,foie gras,black trumpets,

Pomme gaufettres,jus tranché(JR)

碧香
葡萄／苦杏仁／甜瓜
Green Grapes,bitter almond and melon(MH)

煙花

1946 Bodegas Toro Albala "Don PX Convento Selección" Pedro Ximénez

精煉
巴西莊園巧克力／香蕉／椰子
"EXQUISIT" Chocolat,ltakuja,banana,coconut(JR)

珠玉
Petites boules sucrées(MH)

◊ 2018　David Kinch　（米其林三星）

\# 自然與永續的思考與對話

David Kinch 主廚曾在法國、德國、西班牙等多間米其林餐廳修業，在紐約擔任主廚，也曾到日本福岡擔任顧問，最後則是回到加州，1995 年開設第一間獨立餐廳「Sent Sovi」，2002 年則創立「Manresa」，在 2007 年的首版舊金山米其林指南摘下二星，2016 年版的舊金山米其林指南則榮耀晉升為三星餐廳。

被譽為「太平洋最具影響力的主廚」，巴黎三星名廚 Alain Passard 也盛讚 David Kinch 廚藝為「北美最美妙的一雙手」，紐約三星名廚 Eric Ripert 更稱讚他的料理是「宛如不屬於這個星球的美好」。在這些稱讚背後，筆者與 Chef David 近距離的合作下，感受出來他是一位內斂的主廚，蘊含著一個飽滿的靈魂。

在這次的四手聯彈中，Chef David 與嵐舒主廚展開了一場料理的對話，身為兩位主廚、賓客與釀酒師之間的侍酒師，最困難的地方是要掌握到其中的旋律，挑選的酒款音量不能太大，但也不可以聽不見聲音，更不能使用到錯的樂器，將它放在一場不應該出現的音樂會中。

筆者思索著 David Kinch 想要講述的**「自然與永續」**，這也構築了這次選酒的主軸。首先，讓侍酒團隊準備了餐廳每季都會提供的季節 Gin & Tonic，當時樂沐調製的 Gin & Tonic，是依照四季，選用不同的季節食材與表現。

春天，使用花蜜、食用花卉，建構出一杯春日繽紛的開胃飲品；夏天，換成小黃瓜與 Hendrick's Gin，展現夏日艷陽高照的清爽調酒；在秋天，則以辛香料風味較多的琴酒 Bombay，帶出更多秋天氣息的開胃酒；到了冬天，會使用 Old Tom Gin 與團隊製作的牛肝菌糖漿，讓飲者在寒冷的冬天品嚐到一杯大地與土壤的感覺、濃厚回甘的 Gin & Tonic。這也與 Chef David 講述的**「自然與永續」**有了基本的連結。

> 「一家餐廳從『好』（Good）邁向『偉大的』（Great），有兩個充分必要條件是 Passion & Vision」
> —— David Kinch

> 「從產地到餐桌，這概念本來就不新潮，好的廚師，有企圖心的廚師，都會這麼做。」
> —— David Kinch

接下來則使用了香檳區傳奇的自然派酒莊 **Jacques Selosse Initial Blanc de Blancs**，來與 Chef David 開胃菜的**海膽、稻草馬鈴薯餅**做低溫配對，同一杯酒當溫度接近室溫後，會成為一杯複雜的 Chardonnay 白葡萄酒，也讓它與**烤雞蘑菇凍、栗子、阿爾巴白松露**做配對。再來這道**真鯛生魚片、蘿蔔、芝麻**的搭配，挑選了法國 Loire 知名且風味優雅雋永，講述**「自然與永續」**的酒廠 **Domaone Vacheron 的 Sancerre" Paradis"** 作為料理的搭配。

與嵐舒主廚的**白鰻、草菇、伊比利火腿肥膘、山椒與海藻**配對的酒款，則是德國 **Von Winning Forster Ungeheuer Riesling**，雖然這是一款不甜的 Riesling(Großes Gewächs)，卻會透過酒帶出白鰻與伊比利火腿中隱藏的豐富旨味，讓整體味覺更圓潤討喜。

主菜則使用一瓶美國的夢幻酒款，由布根地傳奇酒莊 Domaine de la Romanée-Conti 莊主 Albert de Villaine，於美國加州 Carneros 開創的 **Hyde de Villaine 酒莊中的 Pinot Noir 紅酒**，來與具有相同高度 David Kinch 的**烤鴨、墨西哥香料醬以及洋蔥**做配對。

> ⟨⟨
>
> 「好的廚師總是知道，食材品質最重要，你無法改變食材品質，用不好的食材是做不出好菜。所以，我們的生活很重要的一部分是尋找好食材，好食材通常由熱情的人生產，不論是魚、海鮮、蔬菜、水果，輪到我時，我的責任在於不要犯錯，不要浪費它，食材為了我們的享受而犧牲，我用盡一切可能使它嚐起來最美味。」
>
> ——— *David Kinch*
>
> ⟩⟩

MENU

Autumn Gin & Tonic

Petits fours "red pepper-black olive"
餐前「小甜點」：紅椒／黑橄欖

shortbread cacio e pepe
奶油酥餅／乳酪胡椒義大利風

NV Blanc de Blancs "Initial" Grand Cru Champagne Jacques Selosse

sea urchin "paillasson"
海膽／稻草馬鈴薯餅

roast chicken and mushroom jelly, chestnut, Alba white truffle
烤雞蘑菇凍／栗子／阿爾巴白松露

2012 Sancerre "Paradis" Domaine Vacheron

sea bream, sashimi style, radish and sesame
真鯛生魚片／蘿蔔／芝麻

mustard green, peanut, goose liver, mussel from Matsu(LC)
芥菜／花生／鮮鵝肝／馬祖淡菜

2014 Pinot Noir "Yanacia" Hyde de Villaine

raw beef, oyster and caviar, creamed horseradish
乾式熟成生牛肉／生蠔／Prunier 魚子醬／辣根奶醬

paella, squid, gynura, Jerusalem artichoke(LC)
西班牙海鮮飯／花枝／紅鳳菜／菊芋

2015 Von Winning Forster Ungeheuer Riesling

white eel, straw mushroom, Bellota lard, seaweed oil(LC)
白鰻／草菇／伊比利火肥膘／山椒／海藻

roast duck mole, spiced onion
烤鴨／墨西哥香料醬／洋蔥

2007 Gewurztraminer Vendange Tardive Trimbach

yogurt, sorrel and caramelized grains
酸酪／酸模／焦糖

roast butternut squash and fermented chestnut
烤南瓜／發酵栗子

Spécial Digestif

petits fours "strawberry-chocolate"
餐後小甜點：草莓／巧克力

more petits four(MH)
更多小甜點

4
Chapter

餐飲搭配評分系統及其方法

90 分以上是好的搭配，95 分以上是優秀的搭配，
而 80 分以下則是不平衡的搭配，它需要再次調整
料理或飲品的狀態。這是餐飲搭配評分系統 (The
Pairing Scoring System) 的功能。透過此評分系
統，使用者可以提前預測餐飲搭配的好壞，並跳脫
舊有的配對想像，以更大的視野，理性的來構思風
味架構，最終能穩定重現合宜的配對經驗。

CH4
餐飲搭配評分系統
及其方法

餐酒搭配 (Food and Wine Pairing)，或是說餐飲搭配 (Food and Beverage Pairing)，相較於已有幾千年歷史的葡萄酒，其探討與研究還正在起步。一個世紀以來，餐飲配對雖許多人都在執行，然無論是經過設計或是必須執行，搭配邏輯總不容易被講述得很清楚，或讓人有所依循，甚至能複製重現完美的配對；它就像是一種不同維度的視界觀點，難以理解與對話，也許偶然幾次成功做到優質配對，但大部分的時刻都是出自於直覺。然而，若總是僅依賴直覺來設計餐酒搭配，通常到最後會讓自己被局限在熟悉和有安全感的組合，卻較無法有變化性的配對架構。

2020 年筆者創建了世界首套餐飲（酒）搭配的評分／推薦系統，並取得發明專利 (發明專利公告號 :I756706)，這個評分系統希望像是一個指南或一個當代料理與飲品的媒合工具；它透過對料理與飲品的評分，相互對比運算後，引導出一個搭配好或壞的預測分數。當分數高，代表兩者契合度佳，又若當分數低，則代表風味平衡度會出現問題，需要在料理或飲品上做些修正。

從古至今，基本上在高級餐廳，都是以飲品來輔佐料理，只有極少數餐廳是廚師以料理來搭配飲品的。隨著賓客在餐廳品嚐的飲料或是酒精性飲品，其珍稀性與價格的逐漸提升，現今常會發生餐桌上的酒品比菜餚更昂貴的情況。因此，這個評分系統，也能夠反向地幫助到料理設計者，能更精準又可以不同面向，為珍貴的飲品帶來一次更優質與難忘的餐飲體驗。

對侍酒師來說，要做好餐酒搭配的第一步，並不是先要找到最完美的搭配，而是要避免不好的搭配。因為，危險的搭配可能讓主廚用心所做的料理和釀酒師認真釀的酒，變得更不好吃甚至是不好喝。

「**餐飲搭配評分系統 The Pairing Method**」的建構基礎，來自於筆者彙整十多年在餐飲搭配上的實務與對料理飲品搭配的思索與理解；包含每季為餐廳設計的餐酒搭配菜單和多次與國際米其林主

餐飲搭配評分系統及其方法

廚合作的餐酒會，將從中獲取的經驗與賓客體驗後的反饋，整理構思之後，再寫入評分程式系統。

在雲端上與程式設計師反覆測試系統，引導出料理與飲品相搭的適配分數，並與後端資料庫比對後，立即能做出酒品推薦。目前，只要在有網路支援的地方，任何需要經由這套系統，來做到餐飲搭配的指南與建議的使用者，皆可立即地得到協助與建議。

風味評定校正

許多對餐飲（酒）搭配有過深刻經驗的人，雖然大都能感覺到這個食物搭配這款酒很不錯，卻經常說不出料理與飲品為何能十分搭配的原因；這種情況不僅會發生在普羅大眾身上，其實也時常困惑著飲食經驗豐富的專家。

筆者在大學授課時思考了許久，在學校裡，經常一個學期有許多班級，而一個班級又有許多學生，要將所有同學名字都記下幾乎是不可能的事；到了學期末需要輸入成績時，總陷入要如何給分才能給予同學們該得到的**「公平」**分數。

在這世界上是沒有絕對公平的，但卻能夠**「相對公平」**。若將世界萬物皆以分數作為評斷，其實並不是最理想的方法，就像要為藝術品評分一般，標準與喜好經常是相對而非絕對，給了幾個數字就做為整體價值的總結，有時總不夠完美；但當你必須以更大的觀點來看待整件事情的全貌，或需要以大數據來處理複雜事務時，**「數字」**又似乎變成更為**直接、合理，更能清晰看到細節的一種方式**，而依照相對公平原則而來的考試成績，則成為絕大多數人都能夠認可的方式。

「餐飲搭配評分系統」，與其它一般葡萄酒評分最大的差異是，這個餐飲搭配評分系統所評判的分數，是**「你自己味蕾的分數」**。在葡萄酒領域中，最常被提到的分數評比，如「帕克分數(RP Point)*」或「Wine Spectator Point*」，這種附加在葡萄酒上

「搭配沒有對錯，大部分的搭配都是出自於直覺，這雖不是一件壞事，但依賴直覺通常會偏限於熟悉的組合。」
——— *Peter Coucquyt, Bernard Lahousse and Johan Langenbick，The Art and Science of Foodpairing《食物風味搭配科學》*

註 *
Robert Parker Point 帕克分數：
這位被《紐約時報》稱為世界上最具影響力的葡萄酒評論家，他推動了葡萄酒的百分制評分，讓一般消費者能輕易理解一款酒的表現，其給予的 RP Point 也明顯影響了葡萄酒的銷售數字。

註 *
Wine Spectator Point
《葡萄酒觀察家》：
是一份美國雜誌，主要專注葡萄酒，並對其進行評分，擁有廣大讀者。其中又以不同級距的分數表現葡萄酒的品質。

95-100	經典	傑出且完美的好酒。
90-94	優秀	具有卓越品質和風格的葡萄酒。
85-89	非常好	獨特品質的葡萄酒。
80-84	好	製作精良的葡萄酒。
75-79	平庸	一種可飲用的葡萄酒，可能有輕微的缺陷。
50-74	不推薦	/

的分數，到底是這瓶葡萄酒本身的分數？酒莊名氣的分數？釀酒師釀造的分數？酒評家評比的分數？還是飲者自己味蕾的分數？

因為本質上，每個人的味蕾都是獨立的，而且喜好不同，因此，一瓶 98 分的葡萄酒，是否一定比 92 分的葡萄酒好呢？這其實很難說得準。但它能確定的是，在分數的幫助下，確實能讓入門飲者快速找到品質較好的葡萄酒，就如同精品咖啡豆中的綜合杯測（盲測），分數 80 分 * 以上的就可以定義為精品咖啡豆，而盲測分數 80 分以下，則歸類為商業豆。

而在此 **「餐飲搭配評分系統」** 中，若是最後配對分數高於 90 分，則為好的配對，95 分以上則是優秀的配對，反之，若是分數低於80 分代表料理或是飲品還有調整的空間。

在開始使用這套評分系統前，我們需要先校正味蕾對味道的判斷標準；因為此系統的評分概念，無論是對料理或飲品，都是由你個人的味蕾去評判而引導出來。更精確的說，餐飲搭配評分系統的分數是建構在與你自己同一個舌頭的味蕾上，接著比對料理與飲品的重量感與平衡表現。例如，一位來自中國四川的使用者，對辛香料的感受絕對與其他人不同；而日本人對鹹味與甜味的味蕾，也一定與印度人的味蕾大相逕庭。

餐飲搭配評分系統的使用，筆者認為比較像是替料理與飲品找尋可能合適的另一半；也在餐酒搭配中，提供更多有趣的可能性，它是能夠讓人跳脫傳統印象，將風味比例量化的一種建議方法。更重要的是，若透過系統，最後針對料理與飲品評分後，出現巨大分數差異，則可預先避免可能不和諧的搭配。

註 *
咖啡杯測分數：
由 SCA（精品咖啡協會）的合作機構 CQI（國際咖啡品質鑑定學會）所認證的咖啡杯測師，為咖啡品質做評分。透過專業的品鑑，能夠在同一套評分標準下，確認每批次咖啡豆的特色與品質。依現行之規定，杯測分數總分 80 分以上為精品，不滿 80 分為商業咖啡。

85 分或以上	屬於競賽級，也是卓越杯的優勝咖啡，是目前國際咖啡界公認最高水平的種類。
80-84	屬於精品咖啡。
75-79	屬於較優的商業豆，一般稱為高階商業豆。
70-74	屬於一般商業豆。
69 分或以下	屬於略差的商業豆或是工業用豆。

餐飲搭配評分系統及其方法

>> 搭配系統實際使用的畫面範例

餐飲搭配評分系統 THE PAIRING METHOD

發明專利公告號：I756706

餐飲(酒)搭配評分系統，是由何信緯Hsin-Wei(Thomas),Ho (Nationality-TAIWAN)創建，也是世界上第一個取得發明專利的餐飲(酒)搭配評分/推薦系統。

運用料理與飲品的八個使用者自評分數，透過專利評分系統，引導並預測出料理與飲品搭配後的表現，藉此排除掉危險、不平衡的餐飲搭配，更能幫助跳脫人為預測的模糊假設。

系統將自動推薦搭餐飲品，程式導出的風味圖表也可協助料理人有邏輯的調整菜餚風味。
幫助使用者找到最和諧的餐飲搭配可能，是餐飲搭配評分系統創建的核心目的。

餐飲搭配評分
料理名稱：

羊奶乳酪

評分由淡(0分)到濃(5分)	料理
顏色	0 [2] 5
甜度	0 [2] 5
酸度	0 [3] 5
鹹度	0 [2.5] 5
五階段風味表現(1新鮮，3發酵，5陳年)	0 [2.5] 5
辛香料	[1] 5
蛋白質或油脂	0 [4.5]
香氣強度	0 [4]

餐飲搭配評分
飲品名稱：

Sancerre 白葡萄酒

評分由淡(0分)到濃(5分)	飲品
顏色	[1] 5
甜度	[1] 5
酸度	0 [3.5]
酸度與甜度平均	0 [2.5] 5
五階段風味表現(1新鮮，3發酵，5陳年)	0 [3] 5
酸度與甜度平均	0 [2.5] 5
酒精或甜度	0 [3.5]
香氣強度	[1.5] 5

餐飲搭配評分系統示範影片
THE PAIRING METHOD

餐飲搭配總分：95.5

返回評分

Pairing Method®

□ 羊奶乳酪
□ Sancerre 白葡萄酒

A：顏色
B：甜度
C：酸度
D：鹹度/酸度與甜度平均
E：五階段風味表現(1新鮮，3發酵，5陳年)
F：辛香料/酸度與甜度平均
G：蛋白質或油脂/酒精或甜度
H：香氣強度

推薦搭餐飲品

DOPFF AU MOULIN GEWÜRZTRAMINER TERRES EPICÉES

餐飲搭配總分：100

類型：白葡萄酒
產區/國家：Alsace/法國

DOPFF AU MOULIN GEWÜRZTRAMINER TERRES EPICÉES

餐飲搭配總分：100

類型：白葡萄酒
產區/國家：Alsace/法國
年份：2016
容量：750ml
定價：NT$ 1500

荔枝、葡萄柚、哈密瓜、玫瑰花香，馥郁迷人的花果香白葡萄酒，平衡且悠長的尾韻，經典的Alsace Gewurztraminer滋味。

杯型：白酒杯
溫度：12℃ – 16 ℃
醒酒：即開即飲
搭餐：印度香料料理，客家小炒。

使用者只要輸入八個料理和飲品的風味分數（0 分到 5 分，級距為 0.5 分），就可比對和預測出餐飲搭配後的平衡優劣。

接著系統也會自動從後端資料庫中，推薦出哪幾款飲品可能搭配眼前的料理會更加平衡，讓你跳脫自己原先的選酒框架，讓使用者都有機會成為自己的侍酒師；而廚師也能夠透過分數和圖表顯示出的差異性，進而調整料理風味，讓菜餚更適合搭配桌前的酒。

透過系統建立自己的資料庫後，使用者能夠更清晰地看到一道料理或整個套餐中，廚師對於味道起承轉合的設計；也更全面地看到一杯飲品的風味元素是否完整與和諧，了解一套侍酒師精心設計的 Pairing Menu，是如何做到與料理風味的平衡或搭配上的巧思。接下來我們就針對不同的特質來做分數的定義與解釋。

━ 羊奶乳酪
━ Sancerre

▲ 黃色線條代表料理的風味架構，由 A 至 H 分別為：「顏色、甜度、酸度、鹹度、五階段風味表現、辛香料、蛋白質或油脂、香氣強度」。

紅色線條代表飲品的風味架構，由 A 至 H 分別為：「顏色、甜度、酸度、酸甜平均、五階段風味表現、酸甜平均、酒精或甜度、香氣強度」。

透過交叉評分，系統能立即建構出料理與飲品的風味分析，而圖表也能讓設計者，宏觀地看出餐與飲兩者的重量與風味是否和諧，主廚也能夠透過圖表來思考，若今天飲品是無法更動時，如何調整料理的風味以達到與飲品更加平衡的搭配表現。

color

顏色

大眾耳熟能詳的「紅酒配紅肉、白酒配白肉」，最精準的理解應該是：**顏色淺的料理搭配顏色淺的飲品，顏色深的料理搭配顏色深的飲品，由輕至重。**這也是為什麼在品嚐日本壽司時，順序會自淺色魚到深色魚；例如，一般先從比目魚、鯛魚開始，依序到色深的魚肉，如鮪魚或金槍魚，乃是因為色澤同時也影響到風味的重量感。

在自然界中，無論漁產或肉類，基本上都是依據顏色深淺來比對出風味的強烈與個性。一般來說，紅肉會比白肉味道來得強烈，黑巧克力自然就比白巧克力厚重和味濃，紅茶比綠茶也更加濃郁且強烈，深焙咖啡豆比淺焙咖啡豆來得濃郁；只要是道法自然之物產，不是透過人為影響的食品，絕大多數都是依照此模式運行著。

以料理手法而言，顏色深的料理，相對重量感通常比較重。例如，以**燒烤、醃漬、熟成、氧化**的方式，都會讓食材顏色轉深；但若是新鮮食材，多半為淡色系且味道典雅細緻。在飲品的邏輯上也相同，若沒有人為影響，一般飲品由於氧化、熟成的原因，顏色深的其複雜度與濃郁度都會比顏色淺的來得重。

日本侍酒師佐藤陽一 (Youichi Sato)*，在他的餐酒搭配書《葡萄酒餐酒誌：冠軍侍酒師教你用 2 張圖精通葡萄酒餐搭》（2016 年積木文化出版）曾提及，以葡萄酒的**「品種、產地、釀造」**與料理的**「顏色、溫度、味道」**來做配對的理論，其中章節也特別針對料理與葡萄酒的顏色搭配，做出分享與探討。

在此餐飲搭配評分系統中，系統所設定的料理顏色：**淺色（高明度）**食材，如白色、淡綠色、淡黃色，分數是 1 分；若屬於**中色（中明度）**的色彩，如黃色、橙色，分數是 3 分；若顏色為**深色（低明度）**，如咖啡色、黑色，分數是 5 分。其中的 2 分與 4 分，則表示其色彩介於上下兩者之間。

舉例來說，豆腐或青菜，分數是 1 分，馬鈴薯與哈密瓜，分數是 3 分，而烤肉與巧克力，分數則是 5 分。

註 *
佐藤陽一 (Youichi Sato)：
東京六本木葡萄酒餐廳 MAXIVIN 的經營者兼侍酒師。2005 年獲頒全日本最優秀侍酒師，2007 年代表日本參加第 12 屆世界最優秀侍酒師競賽大會，2011 年獲頒東京都優秀技能者「東京職能大師」殊榮。2012 年代表日本參加亞洲最優秀侍酒師大賽韓國大會，2013 年開設「L'espace A」。

在飲品中的評分依據也相同，顏色淺的飲品分數 1 分，顏色中等的飲品分數 3 分，顏色深的飲品分數為 5 分。以葡萄酒來說，年輕新鮮的白葡萄酒為 1 分，氧化發酵的自然葡萄酒（橘酒）、或顏色淺的粉紅葡萄酒是 3 分，濃厚色深的波特酒則為 5 分。另外，其他飲品如清酒顏色是 1 分，柳橙汁是 3 分，義式咖啡則為 5 分。

>> 顏色分數的定義圖

豆腐、青菜	馬鈴薯、哈密瓜	烤肉、巧克力
1 →	3	→ 5
白葡萄酒、清酒	紅葡萄酒、柳橙汁	波特酒、義式咖啡

「我們在侍酒的時候，多半可以為顧客的餐食提供絕佳的葡萄酒搭配，讓客人嘗試前所未有的組合而享受到更出色的風味，並提升客人在實務與飲品上的經驗，讓他們感受到酒食是如何影響到彼此的風味。」

「色彩調節（Color conditioning）是指，人類會因為「色彩」而受到各種影響。人為了讓自己更舒適地生活或提升效率，會調節周圍環境（住家或職場）的色彩。在家庭餐廳和咖啡廳等餐飲店裡，紅色和橘色等暖色系的顏色會讓人感覺溫暖和正面，藍色和綠色等冷色系的顏色會讓人感覺冷靜和冷漠，因此冷色系經常用在酒吧和西式餐廳等店家。」
—— 氏家秀太《為什麼義大利麵要用黑盤子裝盤？：只有 1% 的人才知道的飲食行動心理學》

餐飲搭配評分系統及其方法

sweetness

甜度

餐飲搭配評分系統中,甜度的分級也是依照個人味蕾來做設定;甜度呈現是料理與飲品的重量感。因為,飲品基本上不具有鹹味、蛋白質與油脂,因此,在評分系統中,**飲品中的「甜度」在與料理的「甜度」搭配之外,**同時也會與**料理的「鹹味」、「蛋白質與油脂」**的風味評分對應。

在飲品評分中,我們以生活中的手搖飲作甜度分級,若飲品甜度為「無糖」,分數會是 1 分;若甜度在「半糖」,分數是 3 分,若甜度在「全糖」,分數為 5 分。分數若在 2 分與 4 分,則其甜度介於上下兩者之間。

料理上甜度的認定,基本上也是相同模式,如白飯是 1 分,蜂蜜蛋糕或檸檬塔是 3 分,若為 5 分,則屬於最甜的甜點,如甜甜圈或黑森林蛋糕。

>> 甜度分數的定義圖

白飯		檸檬塔、蜂蜜蛋糕		甜甜圈、黑森林蛋糕
1 →		3		→ 5
無糖		半糖		全糖

「噪音會減弱酸味、甜味和鹹味的強度,但不影響鮮味。」
———— *Ole G. Mouritsen and Klavs Styrbæk, Mouthfeel : How Texture Makes Taste* 《口感科學》

「只靠直覺無法真正提升品酒能力。諸務必按香氣的第一印象→第一類(層)香氣→的二類(層)香氣→第三類(層)香氣的基本動作順序,並用頭腦和直覺來仔細分析。」
———— 中本聰文、石田博,《用腦品酒》

acidity

酸度

酸味會刺激味蕾分泌唾液,進而品嚐到更多味道。它就像是螢光筆,在正確的位置上使用,能讓整篇文章的重點文字跳出且凸顯。

如果你想要與**「濃郁」**、**「油膩」**、**「重鹹」**的料理配對,飲品絕對需要有酸度,只要在料理上滴幾滴檸檬汁,其實就會很大程度地改變菜餚的風味,若換成具酸度的飲品,也會有相同效果。例如一杯 Chablis 白酒、一杯 Sour Cocktail、高酸的蘇打水,甚至是一杯冷萃耶加雪菲或藝伎咖啡。

酸度分級在飲品上,如白開水的酸度是 1 分,蘋果汁為 3 分,檸檬汁則是最高的 5 分。在料理分級,酸度的認定基本上也是相同模式,如白飯的酸度是 1 分,番茄義大利麵為 3 分,若是 5 分則屬於最酸的食物,如酸梅或百香果。

>> 酸度分數的定義圖

白飯		番茄義大利麵		酸梅、百香果
1 →		3		→ 5
白開水		蘋果汁		檸檬汁

∫∫
「二氧化碳的水溶型在低溫環境會比高溫佳,5℃ 下的溶解量是 20℃ 下的兩倍。」
∫∫

∫∫
「如果玻璃杯很乾淨,氣泡會集中在杯子中央,而塑膠杯剛好相反,因為其杯壁具疏水性,因此氣泡反而會沿著杯壁形成。」
——— *Ole G. Mouritsen and Klavs Styrbæk, Mouthfeel : How Texture Makes Taste《口感科學》*
∫∫

餐飲搭配評分系統及其方法

saltiness

鹹度

鹽,就像交響樂團裡的指揮家,是食物中重要的角色;去掉了鹽,食物的味道將朝向風味不明顯、不均衡的方向偏離。當一道料理匯聚了不同的味道在一起卻獨缺鹹味,此時酸味、甜味、苦味⋯⋯,將會各自為政,非常不平衡,但如果加了鹽,各種味道就會相互融合而達到和諧的狀態。

在料理鹹度上的給分方式,白飯的鹹度是 1 分,一般正常料理,如米飯或麵食為 3 分,5 分則屬於最鹹的食材,例如鹹蛋黃或是味道重的鹽酥雞。而鹹味通常只會出現在食物中,飲品一般是不具備鹹味的;因此在評分系統中,**料理中的「鹹度」,是對應飲品中的「酸度與甜度平均」分數,做為評分的計算**。因如同先前章節所提,風味平衡是以**「鹹、酸、甜」**的風味金三角平衡為核心架構。

「撒了鹽之後,食材的氣味會增強,逸出的鮮美味道,尤其像番茄這種富含膠質部分的鮮味,鹽能和它相互作用且相輔相成。原本食物中的苦味壓抑了酸或甜的味道,加了鹽之後就把它們全都給釋放出來了。」

—— *Barb Stuckey, Taste What You are Missing*《味覺獵人:舌尖上的科學與美食癡迷症指南》

>> 鹹度分數的定義圖

白飯		米飯、麵食		鹹蛋黃、鹽酥雞
1 →		3		→ 5
白開水		蘋果汁		酸梅湯

飲品│酸度與甜度平均

flavor of
five-stage

五階段風味表現

當食材經過時間的氧化、熟成與水分散失而濃縮後，味道會變得更濃郁。想像一下，當新鮮蘋果切片，經由氧化熟成，最後具有風乾蘋果的風味，或是新鮮芒果與芒果乾品嚐起來，兩者的風味深度也完全不同。食材經過熟成，有些食物的鮮味會翻倍增加；特別明顯的有義大利的帕馬森起司、番茄或熟成的牛肉。帕馬森起司在經過時間熟成後，其分子結構發生劇烈變化，它讓蛋白質中的大分子，分解成風味較濃厚的小分子，而在起司上形成的小結晶，其實就是胺基酸，這部份讓起司吃起來鮮味十足，其濃烈的程度甚至一小塊就能感受到滋味豐富。

而經過熟成的肉類也是相同原理，例如傳統的乾式熟成牛肉，在乾冷的環境下長時間熟成，水分散失而濃縮後，透過肉類本身的酵素與自然環境的微生物影響下，讓熟成的風味更加豐富，滋味越濃郁深邃。飲品的熟成風味，則以氧化與濃縮為主，飲品透過氧化例如葡萄汁，發酵成葡萄酒後再經由長時間熟成，成為葡萄酒醋，則是五階段風味表現的狀態表現。

在餐飲搭配評分系統中的「五階段風味表現」，我們以食材熟成的風味來做定義。新鮮狀態的食材，如新鮮蘋果或生牛肉塔塔，分數為 1 分；若食材已經成熟或料理過，如熟透的蘋果或煎牛排，分數則是 3 分；若食材經過風乾、熟成，如風乾蘋果片或燉牛肉，分數則為 5 分。在飲品的分級上，葡萄汁的分數是 1 分，發酵葡萄酒為 3 分，葡萄酒醋則是最高的 5 分。以此來做五階段風味的評分參考。

> 「生鮮食材自然熟化 (Ripen)、陳化 (Mature)、熟成 (Age)、發酵 (Fermentation)、烹煮、燉煮、煎炒、炙烤、乾燥或醃漬都會引出明顯的鮮味，人類早在 190 萬年前用火烹煮時，就學會製造和欣賞這種味道。」
>
> ——— Ole G. Mouritsen and Klavs Styrbæk, Mouthfeel : How Texture Makes Taste《口感科學》

餐飲搭配評分系統及其方法

>> 五階段風味表現分數的定義圖

生牛肉、 新鮮蘋果	煎牛排、 熟透的蘋果	燉牛肉、 風乾蘋果片
1 →	3	→ 5
新鮮葡萄汁	發酵葡萄酒	陳年葡萄酒（醋）

spiciness

辛香料

在評分系統中,「辛香料」指的是香料 (Spices),而不是香草 (Herbs),也不是辛辣 (Pungent)。香草為新鮮或乾燥的植物葉片,能夠增加料理香氣,提升食物的迷人風味;若能在飲品中找尋到與料理相同氣息的香草,基本上都會是很不錯的配對。例如,帶有月桂葉香氣,非常獨特的希臘白葡萄品種 Dafni,就與常利用月桂葉、鼠尾草、迷迭香等香草入菜的地中海料理,能夠做到完美配對。

香料則來自植物的樹皮、種子或根部,有時帶有獨特的苦味或刺激性。例如,香茅、薑、大蒜、肉桂、丁香、肉豆蔻等。另外,有些香料甚至有藥用的效果;例如,在調酒中最經典的一種,是由金雞納樹的樹皮 (Cinchona) 所提煉出來,能夠治療瘧疾的奎寧 (Quinine),或是知名的金巴利利口酒 (Campari liqueur) 中的多種混合香料,它們都具有藥療效果。

而會造成刺激感的香料,如辣椒、胡椒、花椒,這是因為其中皆含有一種獨特的化學物質——**烷基胺 (alkylamine)**,它會讓身體的三叉神經感受到痛覺,是警告你的大腦,身體正在被攻擊。但對那些嗜辣的人來說,當在吃辣時,人體會同時產生腦內啡與多巴胺,腦內啡有麻醉的效果,讓神經傳導被阻斷,不然它會繼續傳遞痛覺訊號;而令人感到愉悅且滿足的多巴胺,則讓人腦同時感受到痛苦卻又開心的感覺,這真是很奇特的一種狀態。

在辛香料的配對上,甜味會平衡辣感,這也是為什麼「**甜辣醬**」在世界各地都受到喜愛,例如韓國的酸甜辣醬 (Cho Gochujang)、泰國的辣椒醬 (Nam Prik Pao)、甚至世界非常知名的是拉差香甜辣椒醬(Sriracha Sauce),都是以甜味與辣味配對平衡。因為適度的甜味,會降低辣味表現;相對的,些許辣味,也能夠降低甜味的負擔。在辣椒使用上,我們可使用新鮮或風乾辣椒,而乾辣椒會比新鮮辣椒更多出一些水果乾的滋味。

在此搭配評分系統中,我們以此定義辛香料的風味:若是完全無辛

「*合成處理 Synthetic Processing 是指當香氣混合物超過四種成分,單獨的氣味特徵將會消失,產生新的嗅覺認知,而這種獨特的氣味性質並非來自單一成分。*」

—— *James Briscione,Brooke Parkhurst The Flavor Matrix《食物風味搭配科學》*

「*有些飲食偏好是天生且普世共通的,我們都喜歡帶甜味或鮮味的食物,也偏好有點鹹味的食物,但排斥太苦或太酸的食物。在演化的過程中,人類趨向取食熱量高的食物,避開有毒的食物,因此提高了存活機率。*」

—— *Ole G. Mouritsen and Klavs Styrbæk, Mouthfeel : How Texture Makes Taste《口感科學》*

香料的料理，如白飯，分數為 1 分；若是正常料理，有加入辛香料，如黑胡椒煎牛排，分數是 3 分；若料理加入許多辛香料，如新疆孜然烤羊肉、三杯雞，分數則為 5 分，以此來做為辛香料風味定義的參考。

而飲品的部分，一般來說，除了調酒或是在橡木桶陳年的烈酒之外，不容易在其它飲品中出現辛香料的風味，如同前文所提及，甜味與酸味作為辛香料（辣感）的最佳配對味道，因此在評分系統中，我們將料理中的辛香料與飲品的酸度與甜度的平均分數，作為互相比對的依據。

>> 辛香料風味分數的定義圖

白飯	黑胡椒煎牛排	三杯雞、 新疆孜然烤羊肉
1 →	3	→ 5
白開水	蘋果汁	酸梅湯

飲品｜酸度與甜度平均

*protein
or fat*

蛋白質與油脂

食材中的蛋白質如同料理的地基，也是組成重量感的重要架構；一道料理即使有再多的花卉配菜、辛香氣息或獨特醬汁，若失去主要的蛋白質成分，就少了主架構。如同一盤咖哩飯只有醬汁卻少了米飯，或牛排餐卻只有配菜和醬汁，缺了牛肉一般，料理顯得空洞和缺乏。

油脂則是最新被提出來的基本味道（參考 P66），科學家將油脂的味覺稱為 **「oleogustus」**，這個字彙源自拉丁文的字根 **oleo**，意思指「油油的感覺」，而拉丁文的 gustus 是指「味道」或「風味」，因此，oleogustus 一般被描述為「油脂味」。這跟「旨味umami」的來源模式類似，umami 的字源正是由日文的「美味うまい (umai)」而來。

在餐飲搭配評分系統中，我們這樣定義料理中蛋白質與油脂的風味：若是完全無蛋白質或油脂的食材，如葉菜類的沙拉，分數為 1 分；若是正常料理，如米飯或麵食，分數為 3 分；非常油膩或蛋白質豐富的料理，如煎鵝肝、炸雞，分數則為 5 分。

也因為飲品基本不含有蛋白質與油脂，因此在評分系統中，對應料理的「蛋白質或油脂」，會以飲品的「酒精度或甜度」分數來做為評分的計算。因為蛋白質與油脂本身為料理的重量感表現，飲品中的重量感則是來自於酒精度或甜度。

> 「酒精的功能有如油脂和水的中間人，它能與兩者結合，改善風味。油脂和水不相容，而料理中若加了酒，令分子之間形成特殊的三角關係之後，食物（幾乎是水）裡的芳香化合物（通常是脂溶性的），便能更輕鬆穿越、進入應許之地，也就是你的嗅覺細胞——風味感測的中央指揮中心。」
>
> ——— *Becky Selengut ,
> How to Taste*《調味學》

>> 蛋白質與油脂分數的定義圖

葉菜類沙拉	米飯、麵食	煎鵝肝、炸雞
1 →	3	→ 5
白開水	蘋果汁	酸梅湯

intensity of aromas

香氣強度

在品飲酒款，搖晃酒杯時，因為酒精揮發的關係，酒中香氣會同時被往上推，而讓人感受到酒的香氣。而香氣揮發的過程，前段是先揮發出分子輕的物質，如清新的花香與果香，像是檸檬、葡萄柚或迷迭香；中段則是成熟果香、木質調與辛香料的氣息；但在橡木桶熟成的氣息，如香草或雪松，這些香氣因其分子較重，則會在後段才散發出來。在設計香水時的氣息組合，也是依照相同的模式在思考。無酒精飲品中，不同重量的香氣分子，也會在不同的溫度與氣壓狀態下讓人嗅聞到；而料理中，推動香氣物質則會經由料理的熱氣所發散。

在此搭配評分系統中，飲品的香氣強度以此定義：香氣極少的飲品，像檸檬水或葡萄品種中的 Pinot Grigio 為 1 分；中等香氣的飲品，如水果風味茶飲或葡萄品種中的 Cabernet Sauvignon 為 3 分；若是新鮮荔枝果汁、芒果果汁類型的飲品、葡萄品種中的 Muscat 白葡萄或 Gewurztraminer 葡萄品種，香氣強度分數則為 5 分。

而香氣少的料理，如白蘆筍、豌豆或櫛瓜類型的蔬果，分數為 1 分；若是香氣中等，如蘑菇、洋蔥類的食材為 3 分；水蜜桃、黑松露或烤羊肉，這類型香氣濃郁的料理，分數則是 5 分。

> 「嗅覺由懸浮在空氣中的物質刺激形成，而我們接收方式則有兩種途徑。一是食物在放進嘴裡之前散發的氣味，就由鼻孔直接吸入，這是鼻前通路（orthonasal pathway）。而在我們咀嚼時，食物在口腔裡釋放的氣味經由鼻咽向上進入體內，則是鼻後通路（retronasal pathway）。經由鼻後通路偵測氣味，是人類最重要，發展最成熟的嗅覺。」
>
> —— Ole G. Mouritsen and Klavs Styrbæk, Mouthfeel : How Texture Makes Taste《口感科學》

餐飲搭配評分系統及其方法

>> 香氣強度分數的定義圖

白蘆筍、豌豆、櫛瓜	蘑菇、洋蔥	水蜜桃、黑松露或烤羊肉
1 →	3	→ 5
檸檬水、Pinot Grigio	水果茶飲、Cabernet Sauvignon	荔枝汁、芒果汁、Muscat、Gewurztraminer

5

Chapter

餐飲搭配——料理八元素

了解風味的架構與評分系統的使用方式
之後，在接下來這兩個章節將會實際來
應用。從八種風味元素中，挑選每項分
數最低（最不顯著），與分數最高（最
顯著）的兩道料理，共十六道菜色，與
評分系統內的飲品做配對示範。

在料理中，我們透過幾位最優秀主廚的
料理，依照不同菜系，包含法式料理、
日式料理、中式料理與東南亞風味料
理，來與經典產區的酒品搭配；也將使
用評分系統與風味雷達圖，來一一討論
料理與葡萄酒的互動和對比。

小樂沐 Le Côté LM

顏色 |
淺色型搭配

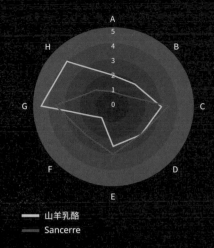

── 山羊乳酪
── Sancerre

山羊乳酪 ✕ Sancerre
Domaine François Cotat

Food

陳嵐舒主廚在 2021 年 Le Côté LM 的「**山羊乳酪／桂花／柚子／醬油脆米／芹菜**」開胃菜，羊奶乳酪的味道優雅細膩，柚子帶有令人愉悅的酸度，再加入桂花的花香氣息，對應著芹菜的草本香氣；點綴的醬油脆米則帶出脆感，與冰淇淋狀的山羊乳酪在質地上有著趣味的對比，是一道擁有豐富口感與香氣的開胃菜。

Drink

松塞爾 (Sancerre) 是在法國羅亞爾河地區，以生產 Sauvignon Blanc 白葡萄品種的知名產區。其牽區的釀酒歷史相當久遠，自 12 世紀開始就享負盛名，當地特別的燧石 (Silex) 地質，造就出最好的 Sancerre 白葡萄酒；它帶著令人驚艷的礦物質感、清新的果酸及特殊的煙燻氣息，風味獨特迷人。

⊕ *Pairing*   **95.5**分

這組餐酒搭配，在顏色與酸度上相互契合，兩者都屬於不甜的類型，也帶有些微發酵的風味。

羊奶乳酪為淺色料理，本身帶有均衡酸度，其中的桂花香與芹菜的草本風味，再搭配上帶著萊姆、檸檬皮、白花香與礦石氣息的新鮮 Sancerre 白葡萄酒，兩者契合度完整且和諧。

Sancerre 本地也以生產羊奶乳酪而知名（詳見 P121）；因此，這組搭配不僅是顏色與風味上的配對，也屬於地酒搭配地菜的展現。

若想讓搭配的總分更高，或許可在香氣上稍做調整；如減低菜餚的香氣，將桂花換成香氣較輕的冰花菜，因它另有清脆的礦石感，剛好對應到 Sancerre 白酒中的礦石味，即能帶出有趣的對比。

◾ 淺色型料理的葡萄酒搭配推薦
Chablis、Blanc de Blancs Champagne、Grüner Veltliner
◾ 其他飲品搭配推薦
拉格啤酒 (Lager Beer)、琴湯尼 (Gin & Toni)、日本酒、生酒、綠茶、淺焙咖啡、綠色蔬果汁

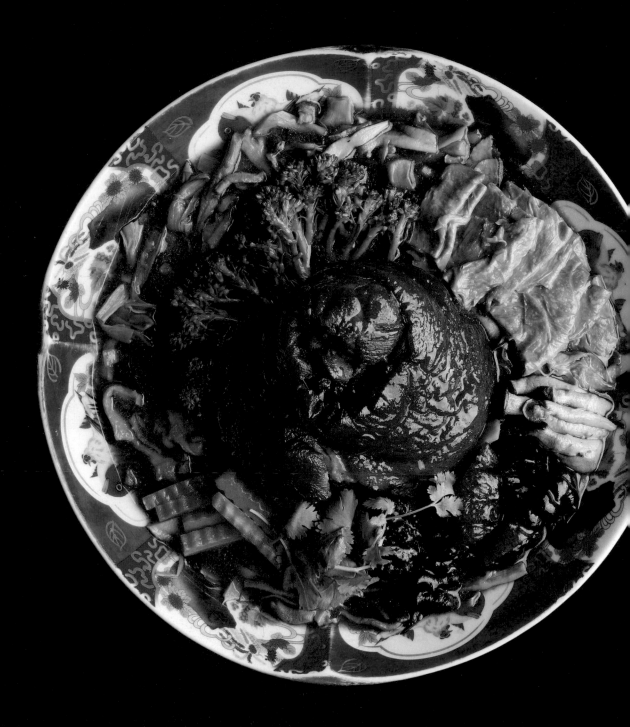

山海樓

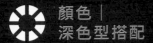

顏色｜
深色型搭配

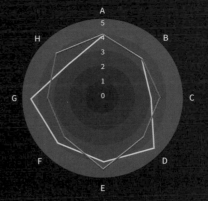

—— 八寶蹄膀
—— Oloroso Tradición VORS 30 Years

八寶蹄膀 × Oloroso Tradición VORS 30 Years Bodegas Tradición

Food

山海樓蔡瑞郎主廚的**八寶蹄膀**大菜，是由蓬萊閣黃德興老師傅所傳授，使用豬腿庫肉與筍絲、毛豆仁、白果等八種不同珍貴食材一起細火熬煮。這道菜帶著馥郁的醬香與濃厚的鮮美滋味，是標準的深色、重量感十足的料理，也是台菜中「手路菜」的經典代表之一。在風味上，層次豐富並帶有濃厚質地，腿庫肉的潤澤滿盈質地，對應上解膩脆爽的筍絲，絕對算是台菜一絕。

Drink

Bodega Tradición 傳說酒莊是雪莉產區內僅存，始於 16 世紀，超過 350 年傳承的酒廠；源於最古老雪莉品牌 Cabeza de Arnada y Zarco 所留存的酒款，堅持以傳統手工 100% 釀製 VORS 等級的陳年老雪莉酒。這款 Oloroso 至少在酒莊 Solera 陳年 30 年，它帶有巨大且複雜的香氣，是一般葡萄酒無法比擬的。

⊕ Pairing

99.3分

顏色深的料理一般都屬於濃郁、飽滿風味類型。

山海樓的八寶蹄膀帶有豐富辛香料、濃郁醬香與微甜的熟成滋味；搭配 30 年以上陳年且圓潤感較高的 Oloroso Sherry，酒中所散發的明顯橡木桶香、煙燻味與熟成果乾氣息，與八寶蹄膀的重量感達到平衡且調性一致。在 Solera 系統 * 中陳年後巨大且華麗的表現，也襯托了這一道製程繁複且珍貴的蹄膀，屬於完美的搭配。

*Solera 系統：西班牙雪莉酒獨有的熟成工藝，利用層層相疊的橡木桶，每一年抽出上層木桶中的部分酒液，混入下層的橡木桶，達到風味勾兌並且增加複雜度的一種陳年方式。

◢ **深色型料理的葡萄酒搭配推薦**
Port Wine、Macvin du Jura、Black Queen Red Wine
◢ **其他飲品搭配推薦**
雪莉桶威士忌、司陶特啤酒 (Stout Beer)、古典雞尾酒 (Old Fashioned)、日本酒／古酒、普洱茶、深焙咖啡、熱帶水果類果汁

Liberté

甜度｜
低甜度搭配

```
        A
      5
      4
H     3        B
      2
G     1    0        C
F              D
        E
```

━━ 杏仁豆腐
━━ 蜂蜜荔枝酒

杏仁／金桔 ✕
蜂蜜荔枝酒

Food

Liberté 餐廳的武田健志主廚，以中式甜點杏仁豆腐做為發想，佐以金桔燕窩配搭，設計出這道融合法式、中式與日式的甜點料理。武田主廚將杏仁豆腐先冷凍處理，解凍後其濃縮的風味與滑嫩細緻的口感，透過與香草調味過的官燕窩與金桔糖水結合後，迷人的滋味綻放其中，溫潤鮮甜滋味平衡。

Drink

來自台灣台中霧峰農會所釀製的蜂蜜荔枝酒，是使用台中盛產的黑葉荔枝原汁、龍眼蜂蜜與埔里純淨之水，以低溫發酵所釀製。經由高雄餐旅大學陳千浩教授的釀造技術，賦予在地農產品更高的經濟價值。酒液澄明金黃，其香氣帶有熱帶島嶼的濃郁果香，酒精度為 8％，風味平衡且適合佐餐。2014 年在布魯塞爾世界酒類評鑑會中，光榮拿下了金牌獎。

⊕ Pairing

91 分

這組餐酒搭配，在甜度與熟成狀態上相對契合，兩者都屬於微甜的類型，也都有著些許發酵的風味。

杏仁豆腐與蜂蜜原本即為十分合拍的組合，白色杏仁豆腐有著滑嫩細緻的口感，再搭配上金桔糖水帶有明亮酸度，兩者搭配後更加推升酒中蜂蜜與荔枝的香氣，且帶出更多奔放與熱帶水果氣息的風味感受。

◼ **低甜度料理的葡萄酒搭配推薦**
Jurançon Sec、Pinot Gris、Anjou Blanc、Tokaji Aszú 3 Puttonyos
◼ **其他飲品搭配推薦**
皮爾森啤酒 (Pils / Pilsner Beer)、戴克利 (Daiquiri)、日本酒／純米酒、黃茶

⌂ 小樂沐 Le Côté L

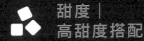

甜度 │
高甜度搭配

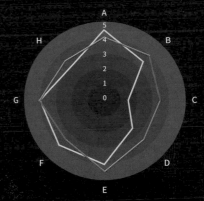

━━ 68% 迦納巧克力
━━ 1980 Nectar UWC SAMOS

68% 迦納巧克力 × 1980 Nectar UWC SAMOS

Food

小樂沐 Le Côté LM 的「**68% 迦納巧克力／覆盆子／香料餅乾**」，以迦納優質的可可脂帶出苦甜的滋味；迦納是全球僅次於象牙海岸的可可豆產國，供應量占全球的五分之一。甜點中加入覆盆子帶出酸度與甜感，香料餅乾則賦予脆口與辛香料風味，是一道具有重量感又馥郁迷人的餐後甜點。

Drink

Samos 薩摩斯島是希臘的第九大島，位於愛琴海東南部，雖屬希臘領土，但離土耳其僅隔了兩公里的海峽。島上遍植小粒品種白麝香葡萄 (Muscat Blanc a Petits Grains)；麝香葡萄 Muscat 有著迷人的香氣，尤其以小粒品種最為細膩、濃縮感最為馥郁純厚。Nectar 是 UWC Samos 最高階酒款，利用日曬葡萄釀製出極濃縮的風味，經過 28 年的橡木桶陳年，在 2008 年裝瓶，僅生產一桶（600 瓶），並於 2016 年釋出販售。

⊕ *Pairing*

94.8 分

高甜度的料理可以搭配高甜度或濃郁果香的飲品，除甜度以外，也要思考兩者的風格與重量感是否一致。

迦納巧克力本身屬於高甜度、熟成風味與些許的辛香料氣息；在酒款的選擇上也導向挑選高甜度、熟成風味，與辛香料氣息的甜葡萄酒。來自於希臘珍貴的老年份日曬甜白酒 Nectar，正是最完美的合適對象；它是帶著焦糖、蜂蜜、可可、堅果、咖啡及天然果乾風味的甜酒，與迦納巧克力能做完美的結合。

■ 高甜度料理的葡萄酒搭配推薦
Port Wine、Madeira、Mavrotragano Red Wine、Vin Santo、 Zinfandel
■ 其他飲品搭配推薦
司陶特啤酒 (Stout Beer)、側車 (Side Car)、日本酒／貴釀酒、冰滴咖啡

JL Studio

酸度 |
低酸度搭配

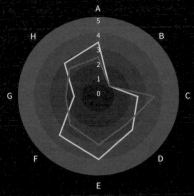

━━ 牛肝菌 / 波特菇 / 姬松茸 / 山當歸
━━ Pipa 樽白酒

牛肝菌／波特菇 ✕
Pipa 樽白酒 勝沼釀造

Food

JL Studio 林恬耀主廚 (Jimmy) 的這道「牛肝菌／波特菇／姬松茸／山當歸」，翻轉與解構了新加坡料理的肉骨茶。主廚以慢燉的肉骨茶湯加上用來提升香氣的山當歸油，呈現出一道經典卻又華麗的新加坡經典菜色。底層的波特菇與茭白筍互相交錯堆疊，不僅顏色漂亮，口感也增添了層次。而上層的姬松茸，不僅帶有杏仁香氣，更展現了秋冬大地滋味。

Drink

創業於 1937 年的勝沼釀造，使用的是日本最多的甲州種葡萄，生產極富盛名的 Brihante 香檳釀造法 [1] 氣泡酒與 Pipa 樽白酒；Pipa 樽白酒在法國橡木桶內發酵 6 個月，瓶中熟成兩年後才上市。勝沼釀造的葡萄酒同時為日本重要宴會用酒，曾是天皇國宴或 G7 高峰會的餐酒，目前，酒莊也積極復育日本特有的紅葡萄品種 Muscat Bailey A [2]。

⊕ *Pairing*

96.3 分

這整道菜帶有秋冬氣息與滋味，包含著各種菇類和肉骨茶湯的辛香料與溫潤感。一般來說，湯比較不會與飲品來配對，因為，通常不會在同一時間飲用兩種液體。然而，勝沼釀造的 Pipa 樽白酒是一款十分適合搭配野菇料理的白酒；日本甲州白葡萄品種的酒款屬於低酸，它在橡木桶中發酵，同樣帶有沉靜的森林風味，與這道菜的搭配是和諧且有趣的。

[1] 香檳釀造法：Méthode Champenoise 以特殊瓶中二次發酵釀造法製作的氣泡酒，又稱「傳統氣泡酒釀造法 Traditional Method」。釀造師第一次先將葡萄釀成靜態酒 (Still Wine)，接著再將酒注入玻璃瓶，加入酵母與糖分，讓酒中二次發酵並產生二氧化碳。

[2] Muscat Bailey A：由日本釀酒葡萄之父「川上善兵衛」，於 1927 年以 Bailey 葡萄和 Muscat Hamburg 葡萄雜交混育之品種。紅葡萄酒風味乾淨優雅，較少使用橡木桶熟成，適合搭配風味雅致，帶有鹽香風味的日本料理。

■ **低酸度料理的葡萄酒搭配推薦**
Blanc de Noirs Champagne、*Pinot Gris*、*Amontillado Sherry*

■ **其他飲品搭配推薦**
印度淡色愛爾啤酒 (India Pale Ale)、*日本酒純米酒／本釀造酒*、*紅茶*、
中深焙咖啡

⌂ Liberté

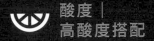

酸度 ｜
高酸度搭配

檸檬海蜇頭 × Abts E
Riesling Großes Gewächs*
Weingut Keller

—— 檸檬海蜇頭
—— 德國 Riesling GG

Food

Liberté 餐廳武田健志 (Kenji Takeda) 主廚的「**海蜇頭／橘醋**」料理中，使用了卡菲爾萊姆 (Kaffir Lime) 與海蜇頭，製作成帶有明亮酸度與清新風味的開胃菜。卡菲爾萊姆又稱為馬蜂橙或泰國青檸，是由泰國檸檬樹所結出的果實，它富含精油，香氣濃烈，果肉帶有高酸。武田主廚將青檸汁做成橘醋，混合切成絲的海蜇頭，點綴絢麗的繁星花，是一道香氣飽滿、口感彈脆、味覺清新的迷人開胃菜。

Drink

Weingut Keller 是德國最優秀的葡萄酒莊之一，成立於 1789 年，位於德國 Rheinhessen（萊茵黑森）產區。其生產的 Riesling 白葡萄酒，有著如利刃般的酸度，伴隨複雜且深厚的質地與口感，打破了優質白葡萄酒只能在 Mosel（莫塞爾）產區才能釀出好酒的迷思。其最高階酒款 G-Max Riesling 也曾在 2010 年創下德國不甜白葡萄酒的價格紀錄，正式開啟德國不甜白葡萄酒的時代。

⊕ Pairing

100分

這組餐酒的配對，屬於在顏色與酸度上完美契合的表現，兩者都屬於不甜的類型，也都帶著明亮而晶透優雅的酸度。

Großes Gewächs Riesling 白葡萄酒中的酸度是整瓶酒的靈魂，風味均衡，香氣飽滿且帶著明顯的礦石感，與口感彈脆、味覺清新的海蜇頭／橘醋料理，形成一組天造地設的搭配表現。

*Großes Gewächs：簡稱「GG」，是近代在德國十分流行，一種不甜白葡萄酒的類型。來自頂級葡萄園，在栽種、採收及釀造上都有嚴謹的規範，葡萄成熟度高，在釀造後必須是殘糖量低於 9g/L 的不甜型白葡萄酒。

■ 高酸度料理的葡萄酒搭配推薦
Aligote、Grüner Veltliner、Albariño、Assyrtiko

■ 其他飲品搭配推薦
蘭比克啤酒 (Lambic Beer)、戴克利 (Daiquiri)、冷泡白茶、冷萃淺焙咖啡

承 SHO

鹹度 │
低鹹度搭配

櫻花蝦天婦羅 ×
Impromptu 即興曲粉紅酒
威石東酒莊

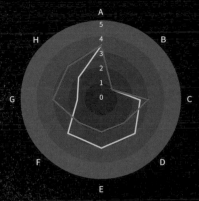

━━ 櫻花蝦天婦羅
━━ Impromptu 即興曲粉紅酒

Food

「承 SHO」餐廳的駐店主廚藤本詳一 (Shoichi Fujimoto)，依照著東京本店「傳 DEN」的長谷川在祐主廚想法，找尋台灣優質的食材，製作成專屬於「承 SHO」餐廳的料理。開胃菜揚物的**櫻花蝦什錦揚**，使用盛產於每年十一月至隔年五月、當季的屏東東港櫻花蝦，加上百合根來料理，佐以去籽檸檬與蝦殼磨碎所製成的鹽，細膩提升了整道菜的鮮味與複雜度。

Drink

2010 年，由興農公司前董事長楊文彬所創立的「威石東酒莊」，秉持對這片土地的熱愛與使命，投入台灣本地的葡萄酒釀造；以「土地與人」的真誠對待為理念，透過葡萄酒產業來連結農民與大地，傳遞這座島嶼的瑰麗風土與人文。目前，酒莊由楊仁亞女士 Vivian Yang 營運，並持續跨界與米其林餐廳合作，釀造出屬於台灣獨特風土的葡萄酒。Impromptu 即興曲粉紅酒以四十五年老藤、產自彰化二林的黑后葡萄，與傳承三代的葡萄農家合約栽培契作，使用 50% 舊法國橡木桶與 50% 不鏽鋼桶做低溫發酵，經四個月酒渣培養與三個月攪桶釀造。

⊕ Pairing

100 分

這是一個完美畫面的餐酒搭配範例。來自台灣東港的櫻花蝦，搭配台灣的地酒——威石東 Impromptu 即興曲粉紅酒，色澤一致，是相同的風土所孕育出的地酒、地菜風味。粉紅酒搭配海鮮類也十分和諧，天婦羅的微鹹與黑后葡萄天然的酸度平衡，酒中些許的辛香料感更提升了櫻花蝦天婦羅的鮮香滋味。

■ 低鹹度料理的葡萄酒搭配推薦
Aligote、Grüner Veltliner、Croze Hermitage Blanc、Albariño
■ 其他飲品搭配推薦
皮爾森啤酒 (Pils / Pilsner Beer)、莫斯科騾子 (Moscow Mule)、日本／吟釀酒、黃茶、柑橘類果汁

△ Liberté

鹹度｜
高鹹度搭配

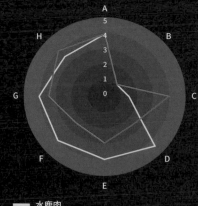

水鹿肉
Issan Vineyard Pinot Noir

水鹿肉 × Issan Vineyard
Pinot Noir Bass Phillip

Food

Liberté 餐廳的這道「彰化水鹿／紅吉康菜／黑大根／黑松露」，使用本地產的鹿肉，料理出秋冬的野味。武田主廚不喜歡用低溫烹調的方式處理肉類，而以直火對決；不倚賴科學器材長時間控溫料理，偏好用長年的經驗來烹調，控制鍋中肉品的熟度。這道鹿肉菲力是在平底鍋中，以低溫淋奶油的方式淋油煎熟，靜置後直火烘烤完成。鹿肉吃起來軟嫩不帶血，恰好的熟度非常迷人，搭配著微清苦菊苣和黑大根一起享用，並以精準且華麗的黑松露作為點綴裝飾。

Drink

澳洲 Gippsland 的 Bass Phillip 酒莊，是由 Philip Jones 先生創建；他被稱為 Pinot Noir 的宗師，他們的產量極低，但品質極高。酒莊僅僅只有十公頃的葡萄園，Phillip Jones 又堅持低產量與自然動力法，酒質帶有頂級黑皮諾特有的豐富果香，酒體濃縮度高卻依然保有著優雅迷人的風味。自 2020 年起，Philip Jones 已經將工作交接給 Jean-Marie Fourrier，他是布根地 Domaine Fourrier[1] 的第五代傳人。

⊕ Pairing

97分

加入鹹度高且濃郁的肉汁 Jus[2]，為這道菜帶出更濃縮和深度的風味。因為水鹿是養殖而不是野味，且肉質也未經過熟成，風味較為細緻典雅；挑選來自葡萄酒新世界的澳洲，帶有法國布根地風格的 Bass Phillip Pinot Noir，透過果香、橡木桶風味與細緻的肉質結合，再透過 Pinot Noir 的高酸度與鹹度配對，讓品嚐料理時依然帶有清爽感。

[1] Domaine Fourrier：在布根地 Gevrey-Chambertin 村擁有超過四代世家傳承歷史的知名酒莊。莊主 Jean-Marie Fourrier 曾與「勃根地酒神」Henri Jayer 學習釀酒技術。

[2] Jus：或稱 Au Jus，是一種特殊類型的醬汁，通常指的是烤製肉時濃縮而成的肉汁。最初，Jus 只是在烤肉時烤盤上留下的肉汁，近代廚師將此技術運用到各種肉類料理，製成點綴主菜肉類一旁濃縮且誘人的醬汁。

🔖 **鹹度料理的葡萄酒搭配推薦**
Saperavi、Tempranillo、Nebbiolo、Brunello di Montalcino
🔖 **其他飲品搭配推薦**
艾雷島威士忌、司陶特啤酒 (Stout Beer)、內格羅尼 (Negroni)、日本酒秘藏酒、紅茶

五階段風味｜
新鮮風味搭配

帝王蟹／鮭魚卵 ×
瑠璃 LapisLazuli
生酛純米 新政酒造

—— 帝王蟹 / 鮭魚卵
—— 瑠璃 LapisLazuli 生酛純米

Food

Liberté 餐廳的海鮮前菜「**帝王蟹／鮭魚卵**」，武田主廚使用了同樣來自日本北海道的帝王蟹與鮭魚卵，拌著香菜、蝦夷蔥以及脆甜清爽的青蘋果丁，佐以主廚自製的晶瑩剔透醃鮭魚卵，最終加上酸桔調味，再撒上帶有幽微香氣的菊花花瓣；整道菜呈現出新鮮又馥郁華麗的鮮美滋味。

Drink

來自日本秋田縣的新政酒造，是近代在歐洲世界中極被推崇的日本酒造。其均衡的酸度與複雜的質地，讓其清酒特別適合搭配西方料理，目前在歐洲十分知名且受到關注。酒造目前依舊使用協會最古老且罕見的「六號酵母」*1，其酵母適合用於低溫長期發酵的吟釀型清酒，製作出優雅細緻的質地。

⊕ Pairing

93.5 分

水煮後簡單調味的帝王蟹，拌上蝦夷蔥與蘋果丁，上面鋪滿醃漬過的新鮮鮭魚卵，完美帶出屬於海洋風格的迷人鮮甜，鮮味豐富的海鮮料理，正是日本酒配對的絕佳方式。在眾多日本酒中挑選以六號酵母釀造，且以酸度明顯聞名的新政酒造之酒，以花冷え（10°C）*2的低溫品飲，美山錦生酛純米酒有著清爽橙花與蜜瓜香氣，到逐漸回溫後的冷や（20°C），則有蘋果與白桃的水果香氣，感受柔軟豐富的旨味與甜味散發於口中，與帝王蟹、鮭魚卵、青蘋果做到難忘的配對。

*1 協會六號酵母：由於新政酒造在 1928、1930、1932 連續三屆拿到全國清酒品評會優勝大獎，日本釀造協會邀請新政酒造由自家酒醪中分離出酵母，並提供其他酒造使用以提升酒質，因此「新政酵母」在 1935 年正式頒佈命名為「協會六號酵母」。

*2 清酒與其他酒種最大的不同是，會因為溫度的差異讓風味上有不同的變化，因此清酒的飲用溫度有不少專用名詞。詳見 P116。

■ 新鮮風味料理的葡萄酒搭配推薦
Blanc de Blancs Champagne、Aligote、Sancerre Blanc、Albariño

■ 其他飲品搭配推薦
拉格啤酒 (Lager Beer)、琴湯尼 (Gin Tonic)、綠茶、淺焙咖啡、綠色蔬果汁

山海樓

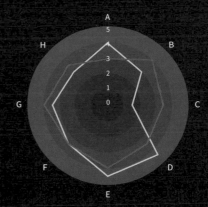

五階段風味 |
熟成風味搭配

山海豪華拼盤 × 2009
Riesling Vendanges
Tardives Dopff au Moulin

—— 山海豪華拼盤
—— 2009 Riesling Vendanges Tardives

Food

豪華拼盤是山海樓經典的招牌菜色。冷盤是台菜宴客最重要的第一道菜，象徵著宴請貴客的儀式感。蔡瑞郎主廚以人蔘豬心、甘蔗燻雞、正黑豬手工香腸、野生烏魚子、肝花、達那滷鮑魚，盛裝於精美華麗、法國百年工藝餐瓷品牌 LEGLE 的訂製瓷器，作為**山海豪華拼盤**。拼盤中多數菜色需要經過時間緩慢熟成，如滷鮑魚、手工香腸、熟成的烏魚子，它們都帶來了台菜中重要的醬香與鹹鮮山海珍味。

Drink

Dopff 家族於 1574 年在亞爾薩斯美麗的小鎮 Riquewihr 創立了 Dopff au Moulin，數百年來，Dopff au Moulin 世代相傳，是該區歷史最悠久的酒莊。Vendanges Tardives 在法語意思為「延遲採收」，這種葡萄酒，是讓葡萄成熟後持續懸掛在葡萄藤上，使葡萄繼續脫水，經由此過程可將葡萄汁內的糖濃縮，並改變葡萄酒富有更濃郁複雜的風味。

⊕ Pairing

97.8分

充滿熟成風味的山海樓拼盤，是帶著辛香料、濃郁醬香與鹹鮮滋味的熟成料理，具有開胃的下酒菜風格，讓人更希望以酒搭配；酒品上以帶有微甜、酸度與熟成風味作為挑選方向。法國 Alsace 的成熟白葡萄酒不僅同時具備上述重點，乾燥的氣候也讓 Alsace 葡萄酒帶有偏高的酒精濃度，與熟成風味濃厚的料理能做到重量感配對的和諧表現。

■ **熟成風味料理的葡萄酒搭配推薦**
Zinfandel、Merlot、Grenache、Amontillado Sherry、Madeira
■ **其他飲品搭配推薦**
司陶特啤酒 (Stout Beer)、古典雞尾酒 (Old Fashioned)、日本酒古酒、普洱茶、深焙咖啡、雪莉桶威士忌、深色蘭姆酒、紹興酒

△ 承 SHO

辛香料｜
少辛香料搭配

野菜沙拉 ×
Grüner Veltliner Schloss Gobelsburg

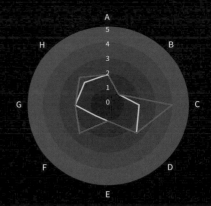

—— 野菜沙拉
—— Grüner Veltliner

Food

野菜沙拉是日本本店「傳 Den」非常經典的一道料理，主廚用四種不同的方式去製作沙拉，包含風乾、醃漬、新鮮與酥炸；也使用冷熱不同與質地相異的方式來做對比。但最困難的就是，主廚需要依照每季採收的不同蔬菜水果，利用精準的技法，將其完整和諧地融合在一起，讓每一口吃下去，都有不同的味覺感受。與 Michel Bras 的溫沙拉＊不同，「傳」與「承」的沙拉絕對是充滿花園交響樂且帶著歡愉感覺的一道料理。

Drink

Grüner Veltliner 又稱作綠維特利納，是一種白葡萄品種，主要生長在奧地利、匈牙利、斯洛伐克和捷克共和國。Grüner Veltliner 可釀造出爽脆、帶有礦物質感與酸度明顯的葡萄酒，經常帶有柑橘、礦物、核果等氣息，並隨著長時間低溫窖藏熟成後，出現香料或胡椒的氣味。

⊕ *Pairing*

94分

Grüner Veltliner 十分適合夏日品嚐，是帶著礦石爽脆感的葡萄酒，同時也散發著草本、花香與辛香料風味；搭配承 SHO 野菜沙拉中質地、香氣與溫度的差異對比，白葡萄酒恰好補足了低溫、高酸、爽脆感，與幽微辛香料氣息。這道搭配屬於互相補足，並且提升風味的經典配對。

＊Michel Bras 的溫沙拉：「Gargouillou」，是由法國廚神 Michel Bras 所創作的招牌名菜。集合三十多種香草、花瓣與野菜的鮮甜溫盤沙拉，整道料理如同畫作，色澤、口感、溫度層次複雜且深具原創性，影響當代許多主廚對於沙拉的看待方式與處理手法。

▰ 少辛香料料理的葡萄酒搭配推薦
Aligote、Albariño、Assyrtiko、Pinot Noir、Gamay
▰ 其他飲品搭配推薦
皮爾森啤酒 (Pils / Pilsner Beer)、琴湯尼 (Gin Tonic)、黃茶、淺焙咖啡

△ 小樂沐 Le Côté LM

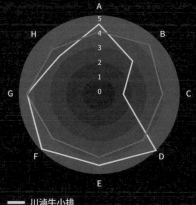

辛香料｜
多辛香料搭配

川滷牛小排 ×
紅埔桃酒 樹生酒莊

—— 川滷牛小排
—— 紅埔桃酒

Food

小樂沐 Le Côté LM 的招牌菜「**川滷牛小排／花椰菜／花生醬汁」**，是陳嵐舒主廚以川菜調味手法，結合法式技法的一道代表料理。加拿大 3A 牛小排醃製花椒與川味香料，經過十二小時慢火燉煮，滷浸入味後再進烤箱慢烤，可保留牛小排濃郁彈牙的口感。佐以由台灣紅土九號花生製成的牛骨肉汁，是一道呈現迷人川味風情的辛香料料理。

Drink

樹生酒莊的紅埔桃酒，使用台灣在地的黑后葡萄所釀造；經由馬德拉酒 (Madeira wine) 加烈與熱熟成釀造法之後，酒款會帶有馥郁的蜜餞、深色果乾滋味，甜度偏高。黑后葡萄本身酸度極高，經由五年的台灣陽光西曬熟成後，轉為更迷人的熟成風味。因此，配上本身色深、熟成風味的台菜醬香料理，尤其是高油脂的牛小排，更顯出餐酒搭配的美妙。

⊕ *Pairing*

97.8 分

這是一道重量級配對的範例。川滷牛小排不僅辛香料味重，無論是顏色深度、鹹度與成熟風味評分都非常高，代表這道菜的重量感與風味皆是濃厚的。這種料理類型搭配的飲品方向為顏色深、甜度與酸度高，且經過熟成後帶有辛香料風味的飲品最為合適。

樹生酒莊紅埔桃酒為強化的甜紅酒，不僅酒精度高、帶有甜度，也由於長時間熟成於橡木桶中，辛香料、煙燻、水果乾與蜜餞的調性，皆可完美的與川滷牛小排配對。

◪ 多辛香料料理的葡萄酒搭配推薦
Oloroso Sherry、*Macvin du Jura*、*Nero d'Avola*、*Zinfandel*、
Amarone della Valpolicella

◪ 其他飲品搭配推薦
印度淡色愛爾啤酒 *(India Pale Ale / IPA Beer)*、長島冰茶 *(Long Island Iced Tea)*、紅茶、中深焙咖啡

JL Studio

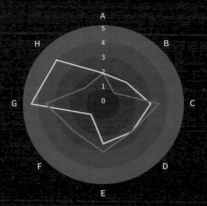

蛋白質／油脂｜少蛋白質／油脂搭配

番茄／莫札瑞拉 ×
Kavalieros Domaine Sigalas

— 番茄／莫札瑞拉
— Kavalieros Domaine Sigalas

Food

「聖女番茄／莫札瑞拉／鹹鹹圈」是 JL Studio 林恬耀主廚在 2021 年的菜單中，一道清爽且富有夏日氛圍的開胃菜。新加坡屬於多元文化，此道料理以南印度的番茄蔬菜湯 (Rasam) 的概念下去製作，使用台灣在地小農櫻桃番茄，加入莫札瑞拉乳酪起司再撒上咖哩葉增加風味，一旁備有可沾食冷湯的鹹鹹圈——炸扁豆圈 (Medu Vada)，外表酥脆，內部柔軟，帶出獨特香氣與質地的趣味性。

Drink

Domaine Sigalas，一間位於希臘聖托里尼島－伊亞 (Oia) 地區的精品酒莊。Sigalas 也可以說是聖托里尼島最重要的開拓者，早在 1991 年當時聖托里尼島還沒有許多國際外銷市場的葡萄酒時，莊主 Paris Sigalas 就成立了酒莊，並且特別關注島上原生白葡萄品種 Assyrtiko。此款 Kavalieros 白酒是島上高海拔的單一園，Kavalieros 希臘文意思為「守護者」。酒質圓潤飽滿，富有柑橘、葡萄柚與些許海風和礦石氣息。

⊕ *Pairing*

97 分

希臘酒款本身就非常適合搭配番茄與地中海風格的料理，帶有較少蛋白質的食材也適合使用酸度較高，帶有精巧酒體的飲品來搭配。Assyrtiko 本身正是屬於海島型葡萄酒的代表品種，在希臘也非常適合與 Feta 乳酪來做配對。在這道菜中與 Mozzarella 起司和帶有鹹度的炸扁豆圈完美結合，屬於一個完美且經典的餐酒配對。

▪️ 少蛋白質 / 油脂料理的葡萄酒搭配推薦
Blanc de Blancs Champagne、*Aligote*、*Sancerre Blanc*、*Albariño*
▪️ 其他飲品搭配推薦
拉格啤酒 (Lager Beer)、莫斯科騾子 (Moscow Mule)、綠茶、淺焙咖啡、綠色蔬果汁

小樂沐 Le Côté LM

蛋白質／油脂｜
多蛋白質／油脂搭配

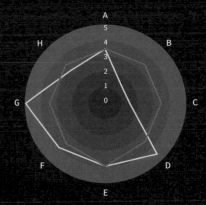

嫩煎鴨肝
Ratafia de Champagne Egly-Ouriet

嫩煎鴨肝 × Ratafia de Champagne Egly-Ouriet

Food

「嫩煎肥鴨肝／扁實檸檬／巴西蘑菇／鹹肉布里歐」，煎鴨肝是一道經典的法式菜色，主廚需要有精準的料理技巧，才能讓油脂豐厚的煎鴨肝完美上桌，也是一家地道的法式餐廳必須具備的菜色。Le Côté LM 的煎鴨肝，佐以酸甜的在地茂谷柑果醬，以及讓質地做對比、增添焦香氣息的布里歐麵包，最後在菜餚上點綴的巴西蘑菇，則賦予這道傳統菜色更有靈魂與個性。

Drink

Ratafia 是混合未發酵的葡萄汁與蒸餾酒的一種加烈甜酒，主要在法國香檳地區生產，當地人在餐後往往會來上一杯，並搭配甜點與起司。Egly-Ouriet 的 Ratafia 在橡木桶中培養 18 個月，讓酒質更醇厚與穩定，酒莊採用 100%Pinot Noir，來自特級園面朝東的葡萄園，口感集中且風味獨特。

⊕ *Pairing*

97.8 分

搭配煎鴨（鵝）肝的標準答案通常是 Sauternes 貴腐甜白酒，但這是基於傳統法式料理中，煎鴨肝的醬汁一般是柑橘或杏桃的酸甜醬汁，以酸度來平衡油脂，如此一來，Sauternes 或 Barsac 甜白酒就如同帶有酒精的水果醬汁一般的合宜配對。

而這道煎鴨肝，搭配成熟風味較多的巴西蘑菇與焦香的布里歐，挑選了一樣帶有甜度，但在橡木桶培養 18 個月，來自香檳的 Ratafia，此酒保存著新鮮的葡萄汁與白蘭地風味，與 Le Côté LM 煎鴨肝搭配起來更加完美。

◢ **多蛋白脂／油脂料理的葡萄酒搭配推薦**
Gamay、Nebbiolo、Riesling、Alsace Vendange Tardive
◢ **其他飲品搭配推薦**
愛爾啤酒 (Ale Beer)、蜜蜂之膝 (Bee's Knees)、黃茶、淺焙咖啡、高酸的柑橘類果汁

承 SHO

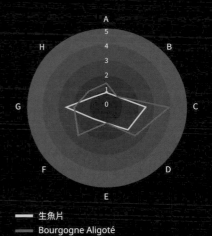

香氣強度｜
弱香氣搭配

生魚片 ×
Bourgogne Aligoté
Domaine Benoît Ente

— 生魚片
— Bourgogne Aligoté

Food

生魚片（刺身）香氣不多但口感馥郁，它絕對是日本料理中最具代表性的一道菜餚。承 SHO 餐廳的刺身，使用的是日本長崎五島列島鮮魚，經過熟成一週，佐以米糠醃漬的蕎菁與水果醋，並以紫蘇花點綴帶出優雅香氣。雖然魚肉經過熟成，但肉質依然保有著彈性，底部的水果醋也帶出了魚肉的鮮美滋味。

Drink

Benoît Ente 是布根地明星釀酒師 Arnaud Ente 的弟弟，但其釀造的白酒品質依然驚人。Benoît Ente 的葡萄園中有相當多株超過 60 年以上的老藤，Puligny-Montrachet 是他的大本營，超過 95% 的地塊在這個村莊裡，所以絕對稱得上是 Puligny-Montrachet 最厲害的酒莊。而 Benoît Ente 的 Bourgogne Aligote 釀造地精巧動人，迷人與細緻的風味讓人經常將其與頂級 Chardonnay 來做比較。

⊕ Pairing

94 分

在日式餐廳以日本酒搭配生魚片是再正常合宜不過的，除了日本酒之外，法國布根地的葡萄酒或是香檳，也十分受到日料主廚的喜愛。

例如，自 2007 年就連續拿下米其林三星，東京元麻布的日本料理「神田 (かんだ)」，就時常使用布根地白葡萄酒或香檳來佐餐。這次搭配的 Domaine Benoît Ente Aligote 帶有清脆的礦石感、雅緻的花香與華麗的口感，正是搭配美好生魚片最佳的葡萄酒。

■ 弱香氣料理的葡萄酒搭配推薦
Sancerre、甲州、*Albariño*、*Muscadet Sèvre et Maine*、*Chablis*
■ 其他飲品搭配推薦
拉格啤酒 (Lager Beer)、*琴湯尼 (Gin Tonic)*、白茶、淺焙咖啡

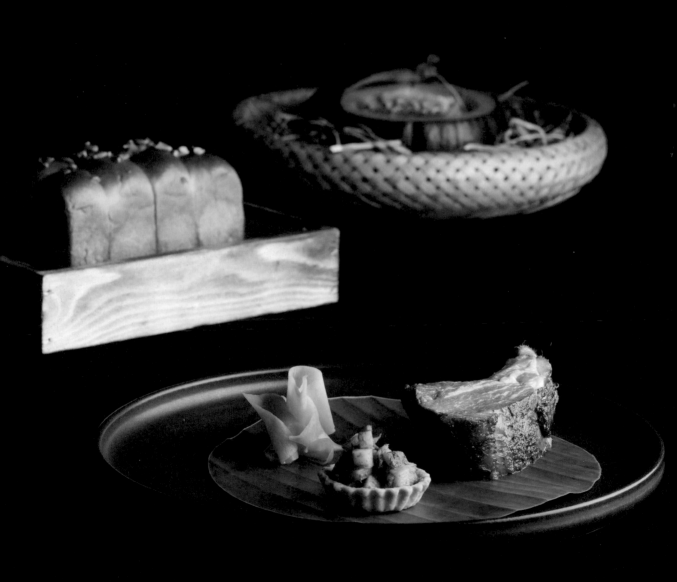

JL Studio

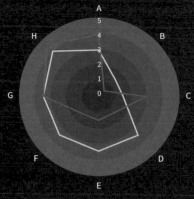

香氣強度｜
強香氣搭配

岡山羊肩 × Jauma
Tikka the Cosmic Cat

—— 南瓜／岡山羊肩／椰子
—— Jauma Tikka the Cosmic Cat

Food

JL Studio 的「**南瓜／岡山羊肩／椰子**」是香氣馥郁的一道料理，林恬耀 (Jimmy) 主廚使用南瓜咖哩搭配奶油香煎的南瓜塊，佐以香料炒過的燕麥塊，保留了南瓜天然的香甜氣息，而碎燕麥讓整體口感更加豐富。一旁搭配南瓜醬汁的南瓜麵包，也是他的特殊料理手法，將同一食材轉換成不同的質地與樣貌，本質上卻是講述著一個食材，以此探討各種料理角度的可能性。

Drink

Jauma 是當代澳洲首屈一指的自然派酒莊，坐落於南部阿德萊德山的 Basket Range 地區，酒莊源自於該區域的古老原始砂岩建築物中的一個 Shed（小型釀酒廠）。此款 Tikka 以 85% Shiraz 去梗後於橡木桶發酵，給予柔順口感，接著融合 15% 八十五年濃厚風味的老藤 Grenache，無添加二氧化硫釀造。酒液是漂亮的紫色，帶著黑櫻桃與黑李子的迷人果香。

⊕ Pairing

94 分

香氣飽滿的料理也需要先了解質地的重量感表現，這一道菜除了南瓜之外，辛香料風味明顯的岡山羊肩也是一大主軸。

Jimmy 主廚十分喜愛自然酒中的奔放果香與平衡酸度，挑選這款與餐廳以及主廚料理風格一致的 Jauma Tikka the Cosmic Cat 紅葡萄酒作為搭配，除了酒中帶有濃郁莓果與深色櫻桃氣息，更多了些迷人辛香料、甘草與野生柑橘風味，平衡的酸度與南瓜咖哩以及羊肩形成獨特且平衡的配對。

◼ **強香氣料理的葡萄酒搭配推薦**
Muscat、Gewurztraminer、Nebbiolo、Carignan
◼ **其他飲品搭配推薦**
愛爾啤酒 (Ale Beer)、莫斯科騾子 (Moscow Mule)、熱帶水果類果汁

6

Chapter

餐飲搭配──飲品八元素

在這個章節，我們從八種風味元素中，挑選了不同風味，每項分數最低（最不顯著）與分數最高（最顯著）的兩項飲品，共十六項飲品來與各國料理以及生活小吃做搭配應用。

同時透過評分系統分數與風味雷達圖，以飲品為主軸，討論與各種特色料理搭配的表現。

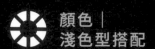

顏色 ｜
淺色型搭配

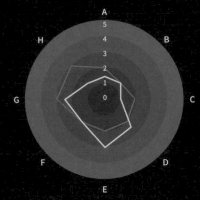

── 吉野地酒（神蹟酒造）
── 鼎泰豐小籠包

吉野地酒（神蹟酒造）×
鼎泰豐小籠包

Drink

吉野地酒是台灣清酒的里程碑。據文獻記載，吉野一號這個米種，是一個流傳了百年的台日混血米種。1913 年的日治時期，來自九州熊本縣的日本人青木繁移居吉野（花蓮縣吉安鄉的舊名），並以故鄉的菊池米和台灣本地秈稻雜交。1919 年他選育出最接近故鄉風味的米，一時之間在台灣廣為流傳，1927 年甚至進貢給日本昭和天皇品嚐，從此被命名為「吉野一號」。

在 2021 年，台灣高雄餐旅大學團隊與花蓮農改場、吉安鄉農會共同合作，復育了本已失傳的吉野米，釀製成酒。

Food

鼎泰豐以小籠包聞名全球，小籠包本身細緻典雅，透過五種技法─打、揉、包、摺、蒸，以黃金 18 摺麵皮，包覆飽滿的餡料，讓風味更顯迷人，精巧可愛的小籠包也成為來訪台灣必嚐的美食之一。搭配台灣最富歷史與文化的吉野地酒，清酒的米香能完美地與小籠包內的鮮肉和湯汁結合，增加了整體餐飲搭配的深度與尾韻。

⊕ *Pairing* **97** 分

此款吉野地酒顏色為淺色（2 分），整體來說，顏色淺的飲品常是屬於新鮮、細緻的類型。此清酒帶有淡雅的芋頭香氣，酒精感明顯，也有些許野薑花氣息；其酒體厚實，帶有扎實的氣韻，韻味悠長、豐富但平衡。

在挑選料理時，以一樣顏色淺，帶有足夠蛋白質與油脂的食物來搭配甚為合宜；小籠包不僅風味雅緻，且內餡飽滿的質地，更能夠襯托住吉野地酒厚實的酒體，屬於地酒配地菜的完美配對。

◢ 淺色飲品搭配的菜系建議
蔬食料理、日本料理、北歐料理、越南料理
◢ 搭配料理推薦
甜蝦、生魚片、烤烏魚子

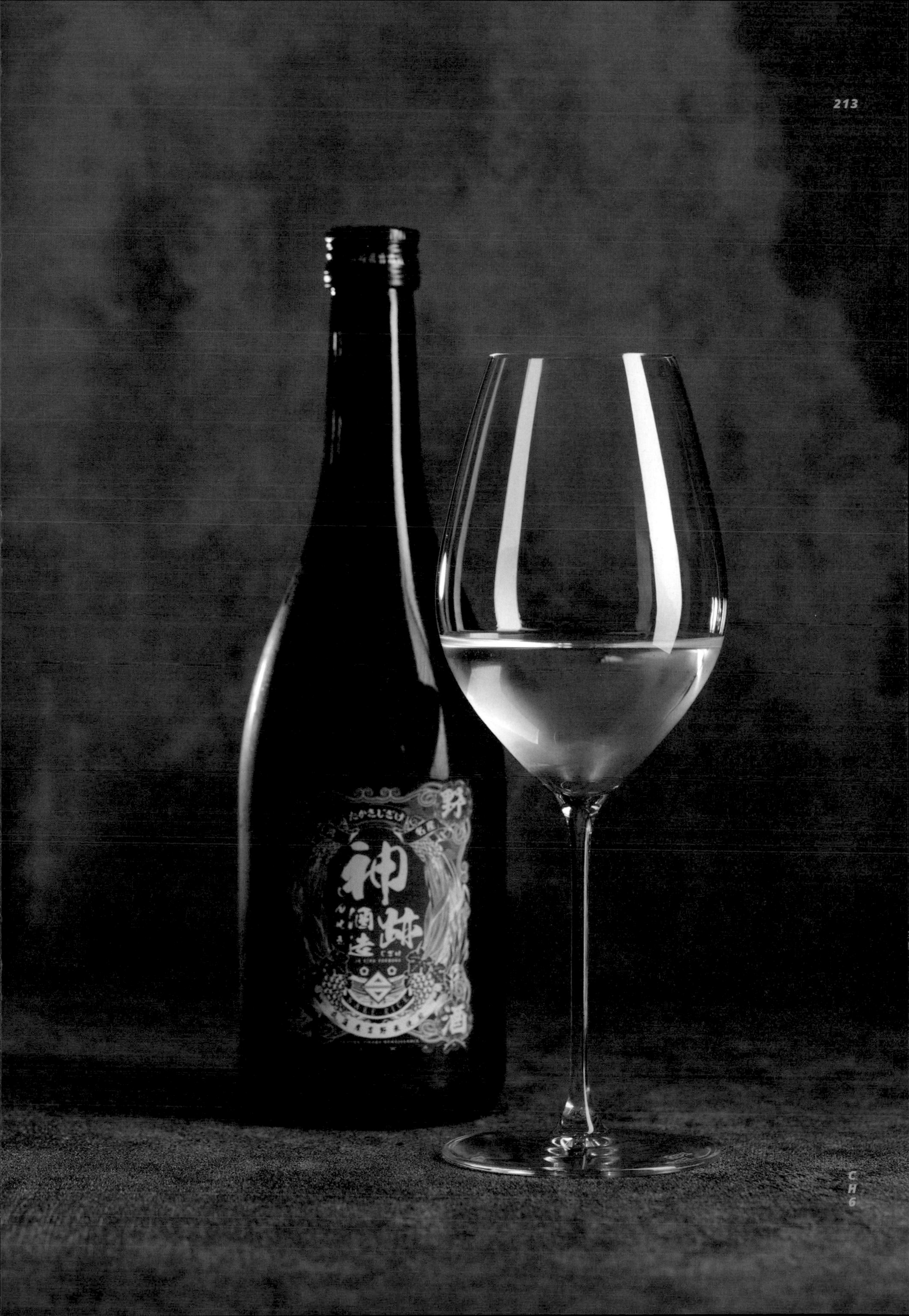
野
神跡
酒造
酒

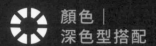

顏色｜
深色型搭配

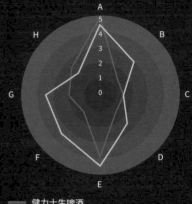

━━ 健力士生啤酒
━━ 金莎巧克力

健力士生啤酒✕
金莎巧克力

Drink

健力士生啤酒 (Guinness) 屬於市面上很常見的深色司陶特 (Stout) 啤酒（顏色為 5 分），為阿瑟·健力士 (Arthur Guinness) 在 1759 年，於愛爾蘭都柏林建立的一家釀酒公司所生產，由四種天然成分：水、大麥、啤酒花和酵母製成。與大多數啤酒不同的是，有高比例的深色烘烤麥芽，因此給予了健力士啤酒獨特的深色與深層風味。雖然它的顏色深，口感卻是清爽風格，酒精濃度 4.2%，其忠實粉絲遍佈世界。

Food

來自義大利費列羅集團的金莎巧克力，使用榛果及可可豆，加上傳統的工藝精神，做出世界上最受歡迎的巧克力之一。金莎巧克力雖然色深，但不像其他濃厚巧克力來得甜膩，因為當中加入了榛果，以它來搭配 Stout 黑啤酒，可以讓人跳脫傳統餐酒搭配的想像，也更明顯帶出其中的榛果香氣。

⊕ *Pairing*

91.8 分

整體來說，顏色深的飲品一般屬於濃厚、強烈或是甜美的類型，健力士生啤酒帶著炭焙氣息的麥芽風味，與清淡爽口的淡色拉格不同，也與精釀啤酒中的強烈風味和酒體不完全一樣。

我們也能以相同的架構思考來作其他搭配；例如，將榛果巧克力醬 (Nutella) 做的可麗餅，套入這個邏輯，就能搭上 Stout 黑啤酒或是深色茶（例如普洱茶），以此概念可再延伸，將帶來更多有趣的搭配想像。

■ 深色飲品搭配的菜系建議
中東料理、阿根廷料理、印度料理、泰國料理
■ 搭配料理推薦
壽喜燒、牛肉串燒、炭烤 BBQ

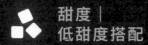

甜度｜
低甜度搭配

—— 日本抹茶
—— 瑪德蓮蛋糕

日本抹茶×
瑪德蓮蛋糕

Drink

抹茶源自於中國宋代特殊的「點茶」，傳至日本後變成獨有的「茶道」。雖然抹茶本身是茶飲的一種，但本質卻為美學的延伸。在茶屋品嚐一碗日式抹茶是種極致的體驗感，在正式茶會中，感受著已經傳承千年的茶道美學，由款待的茶主人一心入魂地將最美的瞬間一刻注入茶碗當中，誠心地捧在手中呈現給你。這也符合了茶聖千利休＊在茶道中所追求的「和敬清寂」之精神，甚至可說是一碗抹茶而成就了今日的日本文化也不為過。

Food

瑪德蓮 (Madeleine) 為一種貝殼造型的磅蛋糕，是法國 Commercy 城的名產。它常被與費南雪 (Financier) 搞混，費南雪是金磚造型，瑪德蓮則是貝殼造型。據說瑪德蓮的誕生，源自一位波蘭國王 Stanislas Leszczynski 的同名女僕 Madeleine Paulmier，是她在一場正式宴會中臨時創作的甜點。後來 Stanislas 國王的女兒瑪莉 (Marie Leszczynska)，嫁給了法皇路易十五，瑪德蓮蛋糕於是開始出現在凡爾賽皇宮，由於皇室與大眾的喜愛，至今成為全世界家喻戶曉的法式小甜點。

⊕ Pairing

94.8 分

品嚐一碗日式抹茶是種極致的體驗感，在正式茶會中，感受著已經傳承千年的茶道美學，由款待的茶主人一心入魂地將最美的瞬間一刻注入茶碗，誠心地捧在手中呈現給你。抹茶不甜、帶有深邃的苦味卻會回甘；透過茶筅 (ちゃせん) 快速地將空氣打入茶中，製造出如卡布奇諾奶泡一般的輕盈感，是一碗極致抹茶應該要出現的狀態。清晰明亮的飽滿茶香，搭配同樣歷史悠久的瑪德蓮——也屬於不是非常甜的小點，有些烘焙師會在配方中加入微量海鹽，讓風味更具深度，搭上抹茶，兩者皆沉靜美好，是一組需要經過時間等待而成的難得美味。

＊千利休：本名為田中與四郎，日本戰國時代安土桃山時代著名的茶道宗師，日本人尊稱茶聖。

▪ 低甜度飲品搭配的菜系建議
日本料理、北歐料理、法國料理、台灣料理
▪ 搭配料理推薦
今川燒車輪餅／紅豆餅、最中餅 (Monaka)

甜度 ｜
高甜度搭配

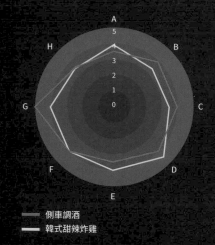

側車調酒
韓式甜辣炸雞

側車調酒 ×
韓式甜辣炸雞

Drink

側車 (Side Car) 是一款以白蘭地作為基酒的經典調酒，也是一杯非常容易感受出調酒師功力的調酒。通常由白蘭地、檸檬汁、橙皮酒以 2:1:1 調成，在調製的搖晃過程 (Shake Method)* 要讓酒精充分混合，原料冷卻時卻不因冰塊融水而稀釋過多酒精的成分，入口瞬間則可明顯感受其酸甜是否平衡，是否有表現出白蘭地高貴的價值、食材的新鮮度以及調酒師的技術等。

Food

韓式炸雞 (Dakgangjeong 닭강정)，是一種近代傳入韓國的中式炸雞與西式炸雞融合版，可燉煮或油炸。當中最重要的甜辣醬，一般加入了大蒜、紅辣椒、糖漿、薑、蒜、醋等調味料。韓式甜辣炸雞是韓國的國民級人氣美食，在韓劇中經常出現，甜辣香脆的炸雞是旅遊韓國必嚐的代表食物。

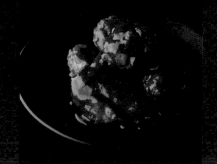

⊕ *Pairing* 　　　　　　 **99.3** 分

這是一個令人感到愉悅甚至興奮的餐酒搭配，Side Car 調酒的甜味帶出腦內多巴胺 (Dopamine) 愉悅感，再加上辣感所帶出的腦內啡 (Endorphin)，滿滿的愉悅與刺激元素結合在一起，成就了一組獨特的餐飲搭配體驗。

Side Car 調酒以低溫與酸度隱藏住甜度與高酒精度，搭配上酸、甜、鹹、辣、富含蛋白質與油脂的韓式甜辣炸雞，無論是在餐飲的重量感及辛香料，都十足平衡且令人難忘。非常適合生活在大城市中，日常壓力大的上班族，在下班後的療癒紓壓搭配。

> *調酒搖盪法 (Shake Method) 的方式千變萬化，一百個調酒師可能會有一百種 Shake Method，但只要理解「混合＋降溫」這兩個關鍵，任何方法都會是好方法。

◢◤ 高甜度飲品搭配的菜系建議
韓國料理、新加坡料理、印度料理、泰國料理
◢◤ 搭配料理推薦
印度辛辣咖哩、辣椒螃蟹

酸度 |
低酸度搭配

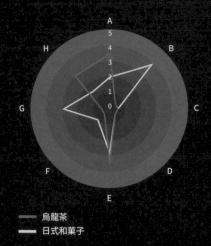

烏龍茶
日式和菓子

烏龍茶 ×
日式和菓子

Drink

「烏龍茶」是半氧化茶的統稱，在六大茶類中屬於青茶的一種，經過部分氧化（發酵），使用輕焙火，揉捻成半球狀或是條索狀，它既有綠茶的清新，又有紅茶的甜醇。

但因為是半氧化茶，發酵的時間掌握困難，工序也最為複雜，然而滋味與豐富度也更多元。台灣的烏龍茶一般在萎凋後即開始炒青，炒青是一道兼具促進發酵與停止發酵的細緻手工，成敗全憑炒茶師父的經驗與天時地利人和，它與葡萄酒的製程相同，需要完美的天、地、人組合而成。

Food

和菓子可以是糕點、甜點、水果點心甚至是冰品。最大的特色是甜度多半偏高，其原因在於早期糖本身就是富貴和奢華象徵；第二是和菓子主要也用於搭配茶飲，無論抹茶或是煎茶。技藝超群的職人，會依照不同時節而製作別有風情的和菓子，例如春天的櫻花、夏季的竹子、秋天的楓葉，或是冬天的茶花和菓子。正如同茶道所傳達的，將季節之美融入生活，小小的一顆和菓子即清晰的展現出這種理念。

⊕ Pairing

90.5 分

風味較淡雅的餐飲搭配，一般都會有沉靜心靈的效果。好的烏龍茶非常迷人，酸度不高但是尾韻悠長，香氣與尾韻甚至可以比擬最優質的葡萄酒。一盞美好的烏龍茶，適合與精緻細膩的日式和菓子來配對。和菓子本身甜度高但酸度低，烏龍茶能夠清除掉和菓子的甜度，而和菓子的質地也補足了茶的厚實與完整性，是屬於天造地設的餐飲搭配。

▪ **低酸度飲品搭配的菜系建議**
日本料理、北歐料理、法國料理、中國料理
▪ **搭配料理推薦**
義式薄片生牛肉 (Beef Carpaccio)、廣式片皮鴨

酸度 ｜
高酸度搭配

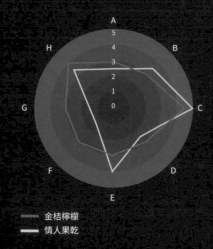

金桔檸檬
情人果乾

金桔檸檬 ✕
情人果乾

Drink

金桔檸檬是經典的高酸果汁，其發跡一般認為開始於台灣南部，據說第一家老店在 1960 年代的高雄就已經出現。因為最南端的屏東九如正是最大的檸檬產區，起初盛行的檸檬汁，與大多數檸檬原料都來自於此地。金桔檸檬也是在台灣炎熱的夏天，最消暑與開胃的果汁飲品之一。

Food

芒果算是亞洲最知名、也最受到歡迎的水果，由熱帶樹芒果 (Mangifera Indica) 所生產，據信它起源於緬甸西北部，孟加拉國和印度東北部之間。情人果乾則是以土芒果的幼果為原料，口感爽脆，酸度迷人，渾然天成的酸甘甜，並保留住水果中珍貴的營養成分。

⊕ *Pairing*　　　　　　　　　　　　**96.3** 分

金桔檸檬與情人果乾是天造地設的一對，同樣都帶有高酸度支撐，若是飲品酸度不足，就容易在配對上感到不均衡或傾斜。

這種搭配除了在風味上的平衡外，也可以思考一下，若是金桔檸檬作為一杯 Sour Cocktail（其實只要加入 Vodka、White Rum 或是 Gin，就可調出有酒精飲品），情人果乾也能夠很合宜的成為這杯飲品的裝飾物一起品嚐。在設計餐飲搭配時，不妨思考食物本身就是飲品裝飾物的方式。

■ 高酸度飲品搭配的菜系建議
越南料理、韓國料理、馬來西亞料理、泰國料理
■ 搭配料理推薦
泰式打拋豬、酸辣海鮮湯、新加坡叻沙

CH
6

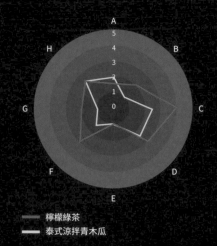

＿ 檸檬綠茶
＿ 泰式涼拌青木瓜

五階段風味｜
新鮮風味搭配

檸檬綠茶×
泰式涼拌青木瓜

Drink

檸檬綠茶是果汁與茶飲結合的經典範例，將高酸的檸檬汁加入無發酵、新鮮的綠茶當中。綠茶含有的兒茶素，是強大的抗氧化劑，對於健康非常有利，且在綠茶加入檸檬後，可使人體對兒茶素的吸收率大幅提升，冰涼的檸檬綠茶不僅是夏天消暑聖品，也對身體有益。

Food

涼拌青木瓜 ส้มตำ (Som、dam)，音譯「宋丹」，是流行於泰國伊善地區和寮國的一道菜式。其味酸、微辣、清爽，是一道非常適合夏天的開胃小菜；主要的食材包含青木瓜、辣椒、青檸檬、花生粒、香菜與紅蘿蔔。一間泰式餐廳的涼拌青木瓜正如同一間港式燒臘店的叉燒，代表了一間店的門面與是否道地。

⊕ *Pairing* 　　　　　　　　　**92.5** 分

新鮮的食材風味都會讓人感到「清爽、愉悅、清新」，因此搭配上需要挑選食材的原型最適配。

泰式涼拌青木瓜就是最富夏季清爽風味的一道菜式，其中的清新蔬果氣息加上些許辛香料，搭配高酸清新檸檬與新鮮消暑的綠茶，本身就是靈魂一致的配對組合；檸檬綠茶也非常適合用來搭配其他蔬食料理。

■ 新鮮風味飲品搭配的菜系推薦
蔬食料理、日本料理、北歐料理、越南料理
■ 搭配料理推薦
海鮮鮭魚丼飯、越南河粉、北歐採集料理

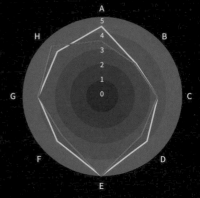

五階段風味 │
陳年風味搭配

山吹 GOLD 熟成古酒
（金紋秋田酒造）╳
梅干扣肉

山吹 GOLD 熟成古酒（金紋秋田酒造）
梅干扣肉

Drink

山吹 GOLD 熟成古酒是以熟成十年的熟成酒作為基底，勾兌上最老達二十年的熟成古酒調和而成。古酒在日本酒（清酒）中屬於一種特殊的存在，經過長時間的熟成，酒色帶著動人琥珀光澤，香氣充滿豐沛的熟成味，猶如紹興酒的氣息，入口細緻典雅，酒體卻溫醇厚實，餘味悠長且複雜。

Food

梅干扣肉是廣東惠州的漢族客家特色菜餚，香而不膩，肉汁和梅干菜的香味融合地恰到好處。它的製作是使用燒煮著帶皮五花肉，再於碗裡放上醃製的梅干菜即可。經過長時間醃製的梅干菜，不只擁有令人下飯的鹹味，還富有更複雜的鮮味與多層次的香氣；最完美的梅干扣肉，正是由梅干菜帶出扣肉的滋味，並給予清爽與複雜的鹹鮮風味。

⊕ *Pairing*

97.8分

這是一個風味跨界，卻講述同個故事與相同靈魂的搭配。山吹 GOLD 熟成古酒因為長時間窖藏，經常出現熟成如紹興酒般的氧化風味，有點類似法國 Jura 產區的 Vin Jaune 黃葡萄酒，這種經過時間淬煉凝聚的老味道，本身就非常適合為料理增加深度與尾韻。

同樣的，梅干菜的製程也需要時間積累，這是一般新鮮芥菜絕對無法比擬的，將其與五花肉組合成梅干扣肉，是客家料理中最令人垂涎，那經由時間濃縮風味之後，才可能具備的獨特滋味。

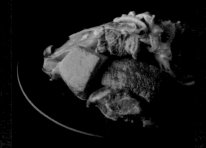

▪ **成熟風味飲品搭配的菜系推薦**
中國料理、中東料理、印度料理、泰國料理
▪ **搭配料理推薦**
菜脯蒸魚、辛香料雞肉串、烤餅咖哩羊肉串

酒精 │
低酒精搭配

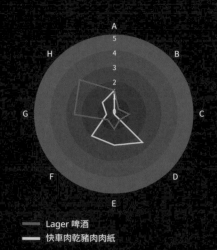

Lager 啤酒
快車肉乾豬肉肉紙

Lager 啤酒 ×
快車肉乾豬肉肉紙

Drink

Lager 啤酒屬於底層低溫發酵的一種經典啤酒類型，酒精度偏低、風格清爽，它也是最容易飲用且最被大眾所接受的一種啤酒類型。

世界上以海尼根、百威與可樂娜最為知名，而台灣的台灣啤酒也屬於拉格啤酒，它是以部分蓬萊米釀造的。拉格啤酒品飲的溫度較低，一般約在 7℃ ~9℃，低溫喝起來口感更涼爽順口，若飲用的溫度過高，啤酒花苦味就會表現得非常明顯。

Food

台灣經典零嘴〔快車肉乾〕的豬肉肉紙，它在新加坡、馬來西亞、香港…非常受到歡迎。〔快車肉乾〕其實源自南門市場的一間小攤子，南門市場是台北遠近馳名的南北貨集散地，以福建、江浙風味的食材及料理特別知名。最暢銷的杏仁薄脆肉紙，厚度僅 0.01 公分，薄可透光且爽脆香酥。若鼎泰豐是台灣觀光客餐廳的門面，那〔快車肉乾〕絕對算是台灣經典伴手禮之一。

⊕ *Pairing*

97.8 分

低酒精的飲品適合搭配味道輕巧又容易品嚐的小點心，〔快車肉乾〕本身香酥脆薄，帶有淡雅鹹香滋味，是標準的下酒菜代表，其鹹香風味以冰涼且帶有綿密氣泡的拉格啤酒來配對，啤酒花的苦味能夠讓食物中的鹹味降低，並且更平衡而容易品嚐，而啤酒也因為有了脆薄的肉紙，更增加了喝酒的趣味與慾望。

■ **低酒精飲品搭配的菜系建議**
日本料理、北歐料理、越南料理、台灣料理

■ **搭配料理推薦**
甜蝦、生魚片、海鮮拼盤、酥炸小點

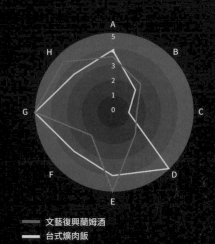

文藝復興蘭姆酒 ✕
台式爌肉飯

文藝復興蘭姆酒
台式爌肉飯

Drink

文藝復興蘭姆酒廠，是由台灣人邱琳雅女士與她的先生剛·歐利文 (Olivier Caen)，於 2017 年創立於高雄。身為法國人的 Olivier 認為台灣盛產甘蔗，高雄又位處亞熱帶，四季如夏，烈酒在台灣熟成一年，可抵蘇格蘭三年。因此文藝復興蘭姆酒廠將台灣得天獨厚的在地甘蔗，製作成比製糖經濟價值更高的蘭姆酒，並推動台灣精品蘭姆酒 Single Rum 文化產業 *1。

Food

爌肉飯，台灣著名的庶民小吃之一，全島由北至南皆可尋得，風味各有不同。無論是早期先民在日出工作前，補充體力的米飯食物，或是在下午止餓充飢的能量來源，甚至是日落返家的晚餐或夜宵，爌肉飯總會出現在我們的日常生活中。完美的爌肉飯首重優質豬肉，接著透過醬油長時間的燉煮醬燒，才會成就一碗醇厚且入味的幸福滋味。

⊕ *Pairing*   97 分

這是一組同樣熱情奔放的靈魂配對。

爌肉飯本身的高油脂，以醬油、糖及香料燉煮的鹹香五花肉，也需要帶有足夠重量感的酒精飲品來配對。料理中的辛香料、油脂，透過蘭姆酒的糖蜜酒香、高酒精厚實度完美結合。熱帶島嶼的風土將甘蔗轉換成蘭姆酒，而台灣飲食底蘊也融合在這一碗美妙的爌肉飯中，別錯過蘭姆酒 *2 與台灣菜的配對體驗。

| *1 Single Rum 指的是來自單一蒸餾廠，且由同一蒸餾器產出的蘭姆酒。

| *2 若覺得蘭姆酒酒精度太高，飲用時可加一顆冰塊。

■ 高酒精飲品搭配的菜系建議
中國料理、阿根廷料理、印度料理、泰國料理
■ 搭配料理推薦
美式炸雞、糖醋排骨

RENAISSANCE
DISTILLERY
2016
SINGLE RUM
Isle of Formose
SHERRY OLOROSO
SINGLE CASK 16002

63% Vol

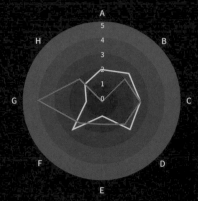

香氣強度 ｜
弱香氣搭配

━━ 韓國真露燒酎（原味）
━━ 原味泡芙

韓國眞露燒酎（原味） ╳
原味泡芙

Drink

真露（하이트진로）是韓國最受歡迎的燒酒（燒酎）品牌，目前在一百多個國家銷售，同時也是世界上最暢銷的蒸餾酒之一。它由大米、小麥、大麥、甘薯等原料蒸餾而成。一般認為燒酎的起源可追溯到中國元代，在 13 世紀的高麗後期傳入朝鮮半島。真露燒酎擁有各種不同的口味，包含葡萄、草莓、葡萄柚與李子⋯等，是深受亞洲年輕人喜愛的酒品之一。

Food

泡芙 (Profiterole / Cream Puff) 是一種源自法國的球形糕點，也是世界上最知名的法式甜點之一。它最早的雛形是用來搭配湯的一種鹹麵包，在十七世紀的食譜中，泡芙稱作「Potage de profiteolles」。當代的泡芙主要是指庶民甜點中，填入了奶油內餡的糕點 (Cream Puff)。

⊕ Pairing

94.3 分

這是一個有趣的跨界配對，配對思考邏輯是以料理與飲品皆為弱香氣的風格出發，接著找尋重量感和諧的料理後，發現出的有趣組合。

跳脫了韓國燒酎只能在品嚐韓式料理的時候飲用，另外泡芙也有可能搭配甜酒以外的酒品。冰涼飲用的真露原味燒酎，碰上同樣低溫冰涼內餡的泡芙，燒酎滑順感更加突出，泡芙的鮮奶油香氣也更展現出深度風味。

■ 弱香氣飲品搭配的菜系建議
蔬食料理、日本料理、北歐料理
■ 搭配料理推薦
豆腐鮮蔬沙拉、白肉魚生魚片、烙烤透抽佐櫛瓜花

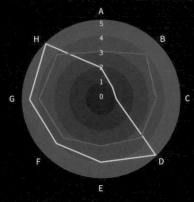

香氣強度 │
強香氣搭配

索甸貴腐甜白葡萄酒 ╳ 藍黴起司 (radar chart legend)

—— 索甸貴腐甜白葡萄酒
—— 藍黴起司

索甸貴腐甜白葡萄酒╳
藍黴起司

Drink

索甸 (Sauternes) 葡萄酒，又譯為蘇玳，是法國波爾多 Sauternes 地區所產的甜白葡萄酒，由被貴腐菌感染的 Sémillon 葡萄再加上 Sauvignon Blanc 葡萄釀製而成。酒液呈金黃色，常帶有杏仁、蜂蜜、蜜桃的香氣。一般傳說貴腐酒的出現源自一場意外，因為在波爾多產區，一次領主外出來不及採收葡萄的年份中，葡萄沾染上貴腐菌，隨後將其拿去釀酒，卻釀造出垂涎欲滴的黃金佳釀，於是世界上便出現了這樣一款迷人且夢幻的飲品。

Food

藍黴起司 (Blue Cheese) 可使用牛奶或羊奶製作，以青黴菌發酵而成，因此表面佈有一些藍色的斑紋；一般來說，牛奶藍黴起司風味較為溫和，羊奶藍黴起司較為強烈。鹹香風味是藍黴起司的代表味道，正如同歐美國家品嚐到台灣的「臭豆腐」一樣，初次接觸到的華人，也容易對香氣強勁濃烈的藍黴起司感到驚訝甚至驚恐。

⊕ *Pairing*　　　　　　　　　　　　　　**92**分

Sauternes 搭配藍黴起司絕對算是侍酒師餐酒教科書會出現的搭配。除了 Sauternes 酸度、甜度能與藍黴起司的鹹度與蛋白質配對之外，兩者同樣帶有濃郁且豐富的香氣；香味有時也乘載了重量感的表現，這就說明了為什麼香水也能夠區分春夏與秋冬氣息。

草本、花香與果香的香氣都比較輕，容易塑造出輕盈優雅的感受；土壤、橡木桶、辛香料則相對厚實沉重，氣息偏秋冬風格，同樣的也有可能在聯覺狀態 (Synesthesia) （參見 P103）形塑出更厚實的重量感受。

▪ 強香氣飲品搭配的菜系建議
墨西哥料理、中東料理、印度料理、泰國料理、馬來西亞料理
▪ 搭配料理推薦
墨西哥米布丁 (Arroz con Leche)、泰國芒果糯米飯 (ข้าวเหนียว)、軟糖底派 (Fudge Bottom Pie)

氣泡 |
微氣泡搭配

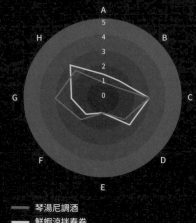

琴湯尼調酒 ✕ 鮮蝦涼拌春卷

——— 琴湯尼調酒
——— 鮮蝦涼拌春卷

Drink

琴湯尼 (Gin&Tonic)，是世界上最有名的一款調酒，由琴酒和通寧水調製而成。調製時琴酒和通寧水的比例，會根據琴酒的酒精度、店家風格或調酒師想法，甚至是季節而出現不同的變化，一般常見的調配比例在 1:1 到 1:3 之間。通常配製時還會加入一小塊檸檬片，做為裝飾與增加香氣。為了保留其中的氣泡，加入通寧水時常會沿著調酒匙倒入；冰塊融水則會降低酒精效果，使入口更加柔和，風味更加宜人。

Food

膾卷 (Gỏi cuốn) 是一道知名的越南涼菜，也是一道適合夏天的清爽開胃菜，膾卷俗稱「越南春卷」或「夏卷」，可以是素的，也可用米皮捲上豬肉、蝦和蔬菜，沾著甜中帶酸、酸中帶鹹的醬汁一起享用。它與中國的春卷非常相似，由於內容物為熟食，夏卷本身並不需要再烹調，以水蘸汁、花生醬等佐食即可。

⊕ *Pairing*   **99.3** 分

在酷熱的夏天飲下一杯 Gin&Tonic，絕對是最消暑的一件事，微氣泡與冰涼透心的低酒精飲品，帶著萊姆的清爽酸度，讓暑氣全消；越南的鮮蝦涼拌春卷也是一道夏天非常適合品嚐的料理，新鮮的食材與晶透的春卷皮讓人有種冰塊的透視感。酸鹹的醬汁搭配上清爽的 Gin&Tonic，讓蝦子的鮮味更提升，也完全塑造出夏日餐搭的愉悅感。

◨ 微氣泡飲品搭配的菜系建議
蔬食料理、日本料理、越南料理、地中海料理
◨ 搭配料理推薦
日式涼麵、烙烤時蔬、清蒸檸檬魚

CH
6

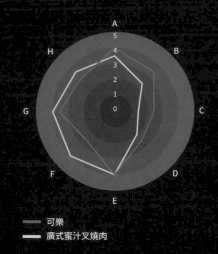

氣泡｜
氣泡搭配

―― 可樂
―― 廣式蜜汁叉燒肉

可口可樂×
廣式蜜汁叉燒肉

Drink

1886 年對全球飲料界而言是非常重要的一年，知名的可口可樂在美國喬治亞州亞特蘭大市誕生！美國藥師 John Stith Pemberton 創造了一種風味糖漿，並將該飲料命名為「Coca-Cola」。這名字也直接表達出最初的可口可樂中，其實是含有古柯葉所提煉出來的古柯鹼（現已去除），與可樂果提煉出來的咖啡因。複雜且機密的成分，讓人一喝上癮，也很容易辨識，因此有許多經典調酒也常見可口可樂的蹤跡。

Food

叉燒源於中國廣東，傳統作法是將豬肉以叉固定、放在爐火上烤製而成，因而有此一名。它同時也是一間港式燒臘餐廳的門面與招牌；最好的叉燒應該是色香味俱全，帶著紅潤油亮的磚紅色，香氣中有誘人的炭烤肉香與辛香氣息，口感則是鹹甜鮮嫩，無論配飯或是單獨品嚐，都讓人食指大動。

⊕ Pairing

二氧化碳（氣泡）會增強品飲者的酸度感受，但氣泡帶給人的感覺不只是味覺，甚至包含聽覺上氣泡所帶來的嘶嘶聲響，它會強化飲者「酸度」以及「刺激」的感受。

搭配上油脂豐富的廣式蜜汁叉燒肉，一杯氣泡水只能做到清爽作用；若要達到重量感和諧，可以選擇高甜度且帶有酸度的氣泡飲品，而世界上最經典的氣泡飲料絕對是可口可樂。建議使用 RIEDEL 的 Coca-Cola 杯，更能夠完整保留氣泡，感受這全世界最神秘飲品的杯中香氣。

99.3 分

◪ 氣泡飲品搭配的菜系建議
墨西哥料理、中國料理、印度料理、美式料理
◪ 搭配料理推薦
BBQ 烤豬肋排、泰式打拋豬、宮保雞丁

單寧 ｜
低單寧搭配

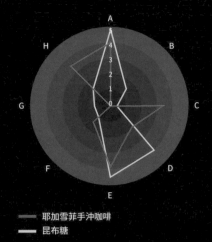

─── 耶加雪菲手沖咖啡
─── 昆布糖

耶加雪菲手沖咖啡 ×
昆布糖

Drink

耶加雪菲 (Yirgacheffe) 的產地，位於衣索比亞的一塊溼地，原隸屬於西達摩 (Sidama) 產區，原意為「讓我們在這塊溼地上安身立命」。耶加雪菲地區的咖啡豆製成的咖啡，總帶有很明顯的花香與柑橘調性，因此受到世界咖啡愛好者的關注。知名的藝伎 (Geisha) 咖啡豆基因其實也源自衣索比亞；受惠於藝伎咖啡屢屢創下高昂的拍賣成交價，近年來也推動了一波衣索比亞原生豆種發掘與復興的潮流。

Food

昆布是褐藻門海帶屬的一種可食用藻類，稱為 Dasima 或 Haidai，營養豐富、含碘量高，曬乾後可作為食物，常用於中國菜、日本料理和朝鮮料理。昆布糖 (Seaweed Candy) 則是以層層堆疊的昆布加上麥芽糖以及辛香料製作，最知名的來自於日本北海道。口味上富有滿滿的鹹鮮味，不僅可作為日常的小點零食，用來搭配清酒或是啤酒也十分合適。

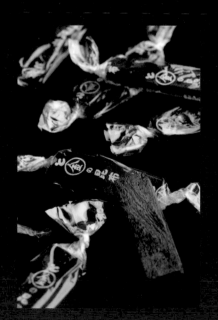

⊕ *Pairing*

94.3 分

這是一個出乎意料的組合。

耶加雪菲手沖咖啡的細緻手法，是單寧極少、酸度較高的飲品；昆布糖色深且鹹鮮味十足，風味越嚼越香，搭配帶有苦味的高酸咖啡，將讓咖啡中的苦澀感減少，並提升昆布糖的鹹鮮豐富滋味，是一個值得推薦嘗試的有趣配對。

◤ 低單寧飲品搭配的菜系建議
北歐料理、法國料理、日本料理、新加坡料理
◤ 搭配料理推薦
瑪德蓮蛋糕、銅鑼燒、咖椰醬土司

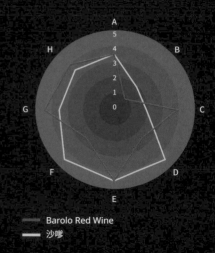

單寧 |
強單寧搭配

Barolo Red Wine ×
沙嗲

Barolo Red Wine
沙嗲

Drink

Barolo 是義大利北部出產高品質葡萄酒的 Piedmont 的次產區，紅葡萄酒以 Nebbiolo 葡萄品種為主。其酒色呈現淺紅寶石色，香氣帶有紫羅蘭花香及複雜的果味味，圓潤可口、單寧亦扎實強勁，同時帶有高酸度，展現出多層次的馥郁口感。最優質的 Barolo 紅酒能夠保存非常久，且酒質與酒香華麗，被稱為義大利酒王。

Food

沙嗲 (Sate) 是一種非常接地氣的東南亞街邊小吃，個性強烈、風味明顯。一般說它是源自於印度知名的 Kebab 烤肉轉變而來，後來傳至印尼，也成為東南亞最道地的下酒菜。沙嗲的重點是各種肉類炭燒與辛香料完美的融合，吃的時候也可再加上各種辛辣的沙嗲醬來調味，特別是重要的花生與印尼甜醬油。正如同西班牙的 Tapas 一樣，屬於非常適合配酒的食物。

⊕ Pairing

96.3 分

單寧強勁的葡萄酒可用來搭配肉類食物，尤其是單寧較重的 Cabernet Sauvignon 或 Nebbiolo 品種，相當適合與口感較重的羊排或牛排搭配，能緩和過重的單寧在口中不適的感受，反而使得食物與酒在口中更好地融合，變得芳香繁複。

沙嗲本身帶有豐富的辛香料與油脂，Barolo 紅酒中的高酸可以將脂肪切開，而 Nebbiolo 本身也帶有辛香料與橡木桶氣息，同樣能與沙嗲完美配對。

■ 高單寧飲品搭配的菜系建議
馬來西亞料理、墨西哥料理、中東料理、阿根廷料理
■ 搭配料理推薦
中東烤肉串、坦都 (Tandoor) 烤雞腿

7

Chapter

餐飲搭配潮流趨勢

餐飲體驗（Dining Experience）不應
該侷限在酒精飲品的搭配上，每個人總
有某些時刻沒有辦法飲酒。正如餐廳中
的素食（蔬食）套餐，優質的餐廳應該
也要能由廚房獨立設計，而不僅僅是聊
備一格。

以下將介紹幾種葡萄酒以外的飲品，與
一些世界上最重要的無酒精飲料，餐飲
規劃者只要能適當地思考與設計，一定
能為來用餐的賓客帶來更優質的餐飲體
驗，也將會自然而然地增加飲品營收。

在葡萄酒以外的餐酒搭配飲品選擇上,有無限可能,最大的區分在於「酒精的有無」。酒精實際上賦予了飲品的架構與重量,雖然有時帶有糖分或經過熟成風味的飲品,也能塑造出飲品的扎實感,但因為甜味就像單寧一樣有加成效果,試想,若用餐期間,搭餐飲品全部都是甜的,除非這些飲品能塑造出均衡的酸度,或是帶有低溫氣泡感的質地,不然一定會越喝越甜膩。

葡萄酒是少數在搭餐飲品上,同時能做到含有適量酒精,卻又是不甜型態的飲品。因此,自然成為佐餐首選。此外,少數風味啤酒或類葡萄酒風格的雞尾酒也能較輕易地做到。

在以搭餐為前提的搭配上,核心需求可分為兩種,分別為「加強風味」與「清理味蕾」。

「加強風味」是讓料理與酒款的搭配上,呈現一加一大於二的表現,有些料理的隱藏風味,是需要透過酒品將它帶出的。例如,在品嚐烤魚時,搭配一杯酸度明亮的葡萄酒,如冰涼的法國 Chablis 白葡萄酒或 Sancerre 白葡萄酒,這就像是為烤魚擠上檸檬角,都能做到提鮮增味的效果。若說到加強風味最明顯的例子,莫過於以溫熱的清酒佐以鄉村鹹香風味料理,溫熱的清酒會強化與放大食材中的風味及料理中的風味,無論甜味、鹹味與辣感,都將被放大與增強。

另外,有許多食材的風味,也需要透過熱度與濕潤度才能散發出它的味道。例如,我們最熟悉的巧克力,它在還沒入口前,其實是沒什麼香氣的,即使用鼻子湊近去嗅聞,還是很難聞到香氣;但當巧克力一入口後,透過口腔的溫度與濕潤度,巧克力便緩緩地融化,散發出百倍的香氣。因此,巧克力絕對可以稱作為世界上最完美的食物之一,因為它的融化溫度剛好跟人體體溫相同,這就是最經典的加強風味所呈現的樣貌。

「清理味蕾」其實不完全是餐酒搭配的概念,它一般用於食物或料理味道過於強烈、油膩時,就以飲品來解膩。例如,油膩的炸物若是吃太多,口中的油脂感甚至鹹味都會太強烈,此時就需要冰涼、

清爽又具有酸度的氣泡飲品，來清洗舌頭上的味蕾。因此，可知為什麼炸雞永遠的絕配會是冰涼、高酸又有氣泡的飲料了。

最後，無論任何飲品，要取得風味都離不開**「萃取」**的技術。**「萃取 (Extraction)」**一字源自拉丁文，意思是把某物擠壓出來或取得精華。在化學中，萃取指的是從原料裡取得有價值的物質。葡萄酒是將葡萄中的風味透過釀造過程萃取出來，消費者所拿到的葡萄酒，已經是**「完成萃取」**的成品；但茶或咖啡則是在將產品交到最終消費者手上前，只完成了前置作業，它還需要透過消費者端來完成**「萃取」**作業。

將茶萃取出其精華，這個過程直接影響著茶風味，十分不易掌控。萃取的過程必須有水或液體，而萃取的時間、溫度、濕度、壓力、原物料與水比例，各種因素都會大大地影響最後萃取出的完成品。因此，若在餐廳中規劃以茶或咖啡佐餐時，必須特別注意如何精準地做到**「萃取」**風味的技術，因為，對消費者而言，是否能持續**「穩定」**地品嚐到飲品風味，是一件極其重要的事。

以下，我們來介紹幾種在葡萄酒以外可做嘗試的飲品搭配。

啤酒

啤酒是世上最古老的飲料之一,其最早歷史可追溯到公元前 3500
年至 3100 年,在新石器時代的美索不達米亞、伊朗西部札格羅斯
山脈 (Zagros Mountains) 的戈丁山丘一帶,蘇美人曾經留下啤酒
製作方法的相關文獻。啤酒在製作上並沒有像葡萄酒般的複雜,它
相對容易的在家中就可以試著釀造。

絕大多數的啤酒都是要趁新鮮,輕鬆品飲;它也是天生最適合用來
清理味蕾的酒精性飲品。拉格啤酒 (Laqer),一般是由在 2℃ ~13℃
低溫環境下的底層發酵酵母 (Bottom-Fermenting Yeast) 所釀造,
由於 Lager Beer 酒精度低,輕爽、乾淨、簡單易飲,因此日本人
最喜歡用它來做清爽開胃的飲品。透過其氣泡、低溫與啤酒花的苦
味,讓口腔內的油膩感,能夠快速地被清除。

另一種常見的愛爾啤酒 (Ale),是以更高的發酵溫度(一般在
15℃ ~24℃)釀造,使用上層發酵酵母 (Top-Fermenting Yeast)
進行發酵,風味更濃郁、酒精度更高。在五階段發酵風味中,Ale
Beer 甚至能夠達到 4 分或是 5 分的熟成風味,與熟成的料理,如
BBQ 烤肉、野味或菌菇類料理都能做到很好的配對。

除了 Lager 與 Ale,還有幾種啤酒也十分有個性,可以特別挑選
用於餐酒搭配。例如,高酸度的蘭比克啤酒 (Lambic);這個名字
來自比利時小鎮 Lembeek,是一種獨特的啤酒種類,釀造時使
用 30%~40% 的未發芽小麥,以及放置了三年的啤酒花,多數皆
在比利時首都布魯塞爾附近的酒廠釀造。它採用天然酵母做自然發
酵,天然的野生酵母能將啤酒成分中的糖分完全轉化,使 Lambic
啤酒的風味產生複雜的酸度以及豐富的果香,所以,有些人也稱
Lambic Beer 為香檳啤酒,因為它帶著有如同香檳一樣的高酸度。

筆者曾經在餐酒搭配上使用過一款 Lambic Beer 作為 Pairing
酒款。有一次餐廳主廚端出的一道開胃菜,當中有**新鮮起司與
番茄**,筆者則挑選了一款 Mikkeller 丹麥精釀啤酒廠與比利時

Lindeman's 酒廠跨界合作的「**Spontan Basil Lambic Beer**」來搭配。這款獨特的「羅勒 Lambic 啤酒」，釀造時在酒齡一年到二年的 Lambic 木桶中投入新鮮的羅勒葉，經由調和與瓶內發酵後再裝瓶；整瓶啤酒帶出了新鮮羅勒、薄荷與辛香料，如丁香蘋果派的風味，重點是它的酸度明亮。

搭配邏輯並不複雜，因為，**新鮮起司、番茄、羅勒**，千百年來在義大利一直都是最完美的配對組合，筆者利用一個帶有羅勒風味的酒精飲品，補全了這道菜的完整性，酒中的酸度也能讓起司中的蛋白質更顯輕盈。因此，有時候大膽的使用啤酒來做餐酒搭配，能帶來出乎意料之外的體驗感受。

啤酒	風格	適搭菜系
拉格 Lager	底層發酵。 酒精度低，簡單清爽。	蔬食料理、 北歐、日本、越南
皮爾森 Pils / Pilsner	底層發酵。 口感純淨，帶著優雅的酒花香， 通常顏色越淺苦味越多。	北歐、法國、地中海、 韓國、越南
愛爾 Ale	上層發酵。 酒精度較高，濃郁厚實。	美國、墨西哥、阿根廷、 中東、印度
印度淡色愛爾 India Pale Ale (IPA)	上層發酵。 簡稱 IPA，風味純淨， 啤酒花香氣濃郁，但苦味明顯。	德國、西班牙、義大利 中國、台灣、印尼
斯陶特 Stout	上層發酵。 顏色深沉，口感厚實，帶有 烘焙香氣、咖啡味和巧克力味。	美國、阿根廷 * 可嘗試搭配生蠔
小麥啤酒 Wheat Beer / Weissbier / Witbier	上層發酵。苦味較少。 主要分兩大類：德式小麥啤酒 (Weissbier)，顏色較濁，帶有香料 味；比利時小麥啤酒 (Witbier)，帶 有柑橘類的香氣。	西班牙、墨西哥、巴西、 中東、台灣、韓國、 馬來西亞、新加坡、印尼
大麥啤酒 Barley Wine	上層發酵。顏色為紅棕色。酒精濃度 最高的一種愛爾型啤酒，口感複雜， 有明顯的麥芽香氣。	美國、墨西哥、阿根廷、 中東、台灣、 馬來西亞、新加坡
琥珀啤酒 Amber Ale	上層發酵。 帶有焦糖味、啤酒花香與明顯苦味。	墨西哥、中東、 中國、馬來西亞、新加坡
蘭比克啤酒 Lambic Beer	以野生酵母自然酸釀製成。 帶有明顯酸味。常用來混釀成黑糖啤 酒 (Faro) 或櫻桃啤酒 (Kriek)。	北歐、德國、 台灣、韓國、泰國

調酒與烈酒

隨著酒飲文化的更加生活化,有越來越多主打在白天營業的無酒精酒吧,或是著重在雞尾酒搭餐的餐廳陸續開業,代表這個世代的飲酒風情已邁向下一個階段。2016 年,亞洲五十最佳酒吧 (Asia's 50 Best Bars) 評比開始加入台灣。當代熟悉的**「調酒零浪費」**,或是**「調酒搭餐」**的概念,其實皆來自於世界調酒師比賽的潮流趨勢;例如,2016 年帝亞吉歐世界頂尖調酒大賽 (Diageo World Class) 台灣決賽,就出現了由主廚製作料理,決賽選手必須現場製作調酒來搭餐的考題。

調酒搭餐或烈酒搭餐是兩種完全不同的思考模式。因為調酒變化性極大,一杯調酒若多加了 5ml 的糖水、冰塊多融了兩分鐘,或是當天氣溫甚至空氣溼度的差異,都可能讓最後的調酒風味大大不同。因此,調酒搭餐必須以**「本身也是一道料理」**的思維來設計,思考它也是一道含有酒精的料理來做風味的堆疊與組合。同樣的食譜,由不同主廚所做出來的料理質感會天差地別,同樣,調酒酒譜也是。

當一套菜單或一道菜需要由兩位主廚共同設計,最大的困難就在於**「平衡」**與**「退讓」**。若是單獨的一道菜,主廚很容易就能利用自己的技術與能力,將其製作得複雜飽滿,這是任何一位主廚都能辦到的;但今天若換成兩位主廚,要一起做出一道**「和諧」**的料理,那就是一件非常困難的事了。

主廚不僅要認識自己,也必須了解夥伴的創作想法與料理哲學;在風味的邏輯架構中,合宜且優雅地讓出一些空間,讓另一位職人的優勢來補足空缺,這正是**「減法的智慧 Minimalist in the extreme」**。無論是廚師或調酒師,他們長久的訓練和核心目標就是做出一道完美的料理、或是完整的一杯酒,但有時餐、飲兩者都過於完美,搭配在一起時卻反而帶來沉重與負擔的感受。

隨著調酒搭餐文化的興起,以及 COVID-19 疫情大大的改變餐飲市場,許多調酒師走向**「瓶裝調酒 Bottle Cocktail」**的路線。瓶裝

「調酒搭餐必須要以『調酒本身也是一道料理』來設計,思考它也是一道含有酒精的料理來做風味的堆疊與組合。」

調酒就如同外帶料理，雖然其美味程度與精準度絕對比不上在餐廳享用，但品質穩定度與便利性卻能大大提升消費意願，這種飲酒風潮在 COVID-19 疫情過去之後，將會深深地改變大眾喝酒的習慣。

烈酒搭餐的困難度在於**「酒精」**，酒精度與甜度造就了酒體的濃郁程度，稍一恍神不注意，酒品就可能將料理的風味輾壓殆盡。

以烈酒搭餐有三種方式，第一種是**「以料理搭配烈酒」**，以酒作為主角，思考合適的料理搭配，若料理本身濃郁厚重，那麼就足以和烈酒酒體匹配抗衡。例如，三杯雞搭配古巴蘭姆酒、新疆烤羊肉搭配美國波本威士忌，或煙燻鴨胸搭配法國雅瑪邑白蘭地，這種相同重量搭配法則能在烈酒搭餐中做到平衡的表現。

第二種是**「以烈酒搭配料理」**，若料理本身是淡雅的，可加水稀釋烈酒到較低的酒精濃度，以 Highball 的喝法，讓其依然保有花香、果香與酒感，卻不至過於濃郁而蓋過食物的風味。2008 年，由日本 Suntory 大力推行而帶起風潮的 Whisky Highball，即是以**「低熱量、低酒精、便宜、好搭餐、流行時尚」**為訴求；當時由於日本泡沫經濟使得威士忌需求量減少，再加上喝威士忌讓人有著年長者的老派感，於是 Suntory 決定將旗下較為平價的「角瓶威士忌」以 Highball 喝法大力行銷，使得它在「平成時代」開始廣受不喝烈酒的年輕人喜愛。

以烈酒 Highball 喝法用於搭餐中，透過口感強勁的碳酸氣泡提引出酒品風味，表現出帶有柑橘系的微酸感與橡木桶的香草焦糖香氣，其冰涼與氣泡感也能夠解膩、中和肉類的高蛋白胺基酸以提升美味。

當時日本人普遍認為純飲蘇格蘭威士忌搭配日式料理相對沉重，且並非全部蘇格蘭威士忌都適合調製 Highball，因此，風味相對典雅與香氣淡麗的日本威士忌，就成為了搭配日本料理的最佳拍檔。Suntory 當時的 Whisky Highball 不僅推動了年輕人的市場，甚至推升了日本威士忌的產量與國際上的能見度與價格。

第三種是「**以烈酒加入料理**」，這種方式可使用在溫度高的料理中，特別是中式料理、鐵板料理或熱湯類型的菜餚。除了在料理過程中加入烈酒，若是高品質的烈酒，其實更適合在烹調結束後，甚至是入口的前一刻再加入，利用食物的高溫將酒香給蒸散出來，補足某些香氣較少料理的風味。例如，加入**具有柑橘或花香氣息的琴酒到清蒸魚**當中，或是加入**深色蘭姆酒到巧克力甜點**裡，而**台灣馬祖的經典老酒麵線**，正是在料理做好後，才加入珍藏的馬祖老酒，透過料理的熱氣，帶出更迷人的香氣與更複雜的口感。

調酒	製作成分	適搭菜系
琴湯尼 Gin Tonic	琴酒／通寧水／萊姆	蔬食料理、 北歐、日本、越南
莫斯科騾子 Moscow Mule	伏特加／萊姆汁／薑汁汽水	蔬食料理、地中海料理、 北歐、墨西哥、 越南、泰國
戴克利 Daiquiri	白色蘭姆酒／萊姆汁／糖漿	地中海料理、 北歐、法國、越南
蜂之膝 Bee's Knees	琴酒／檸檬汁／柳橙汁／蜂蜜	德國、義大利、 韓國、中國、台灣
迪亞布羅 Diablo	龍舌蘭／檸檬汁／ 黑醋栗利口酒／薑汁汽水	西班牙、義大利、 墨西哥、中東、 韓國、中國、台灣
側車 Side Car	白蘭地／橙皮香甜酒／檸檬汁	美國、中國、 馬來西亞、新加坡
盤尼西林 Penicillin	蘇格蘭調和威士忌／泥煤威士忌／ 蜂蜜／檸檬汁／薑	墨西哥、中東、 印度、泰國、新加坡
內格羅尼 Negroni	琴酒／金巴利香甜酒／甜香艾酒	義大利、 韓國、中國、新加坡
古典雞尾酒 Old Fashioned	威士忌／安格斯苦精／方糖	美國、墨西哥、 中東、印度、泰國
長島冰茶 Long Island Iced Tea	琴酒／伏特加／白色蘭姆酒／ 龍舌蘭酒／白柑橘香甜酒／檸檬汁／ 糖漿／可樂	西班牙、 美國、墨西哥、阿根廷、 中東

日本酒（清酒）

日本酒，或是大眾所認知的清酒 (Sake) 已經有兩千年歷史。在前面幾個章節也提過，日本酒在餐酒搭配上，能達到許多其他酒類無法做到的事。例如，自然地與鮮味 (Umami) 完美配對，或是飲用的溫度範圍寬廣，可以從 5°C~55°C，或是經常推出季節感十足的限定酒款或特殊風味，這幾點都是推升日本酒在餐酒搭配版圖上日漸興盛的原因。

創立於 1991 年的日本 SSI「**日本酒侍酒研究會・酒匠研究會聯合會**」，為了讓消費者更簡單、清晰地了解日本酒，將其分為四大類——**「爽酒」、「薰酒」、「醇酒」、「熟酒」**。這四種不同類型，也可運用到本書的餐飲搭配評分系統。

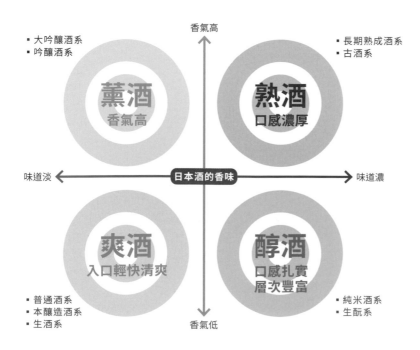

- 大吟醸酒系
- 吟醸酒系

薰酒
香氣高

香氣高

- 長期熟成酒系
- 古酒系

熟酒
口感濃厚

味道淡 ←　　日本酒的香味　　→ 味道濃

爽酒
入口輕快清爽

醇酒
口感扎實
層次豐富

- 普通酒系
- 本醸造酒系
- 生酒系

- 純米酒系
- 生酛系

香氣低

「爽酒」：是新鮮、酒體輕盈、淡雅輕柔的酒款。它有點類似啤酒類中的生啤酒，可以大口大口地飲用，沒有負擔又可做到夏日解渴的效果。

「薰酒」：香氣華麗、帶有迷人花香與果香的酒款，其風格多變，是在國際上最受推崇的日本酒。它有點類似葡萄酒中布根地的 Pinot Noir 或 Chardonnay 葡萄酒，經由杜氏＊費心釀造，帶出誘人的酒香氣息。

「醇酒」：最能感受到「米」的質地，是感受扎實旨味明顯的酒款。醇酒的厚實度就像是料理中的蛋白質一般，擁有圓潤飽滿的酒體，特別能夠以較高溫度品嚐，帶出旨味的表現。

「熟酒」：經過長時間熟成、複雜度大、口感濃郁度較重，且尾韻悠長的酒款。它有點類似葡萄酒中的法國黃酒 Vin Jaune 或是中式的紹興酒，經常出現熟果乾與複雜的辛香料氣息，是市面少見且稀有的酒款。

還有一種**香檳釀造法類型的清酒**，目前在國際上也十分熱門，釀造方式一樣是在瓶中進行二次發酵，並透過除渣讓日本酒展現出如同香檳一般的精緻氣泡，並以香檳杯作為開胃酒服務。

世界第一瓶瓶中二次發酵的清酒，是來自群馬縣**永井酒造的水芭蕉 Mizubasho Pure** 氣泡日本酒；另外來自島根縣的**吉田酒造的月山 Cloud**、山梨縣的七賢酒造的**山之霞、星之輝、杜の奏（白州威士忌桶釀造）**，或是新潟縣的**八海山 AWA 氣泡酒**，或**獺祭純米大吟釀二割三分氣泡濁酒**，都能夠給不喝葡萄酒卻又想品嚐華麗氣泡感的清酒客人，更好的體驗與選擇。

日本也成立了氣泡清酒 (AWA) 協會，為高品質的氣泡清酒訂出標準；最基本是使用日本國產米與國產酵母在瓶內二次發酵，才具備 AWA 資格。

註 ＊ ────────
杜氏（とうじ）為日本清酒釀造體系中，酒藏裡的最高責任者。杜氏直接決定了酒款釀造方式與酒廠風格，他直接授命於酒造業主（藏元），並組織自己的釀造團隊。在日本因為釀造風格的不同，也出現不同的杜氏流派，例如知名的南部杜氏（岩手縣）、越後杜氏（新潟縣）、丹波杜氏（兵庫縣）、能登杜氏（石川縣）…等。

Japan Awasake Association

www.awasake.or.jp

清酒	主要酒類	適搭菜系	菜色建議
爽酒	生酒、生貯藏酒、生詰酒、本醸造酒、吟醸酒	蔬食料理、北歐、日本	蔬食沙拉、冷豆腐、蕎麥麵
薰酒	純米吟醸酒、大吟醸酒、吟醸酒	地中海料理、法國、義大利、日本、台灣、越南	法式奶油白蘆筍、青醬義大利麵、豆豉清蒸魚
醇酒	純米酒、本醸造酒、生酛酒	德國、西班牙、義大利、日本、韓國、中國、印度	德國豬腳、西班牙海鮮飯、北京烤鴨、印度烤餅
熟酒	古酒、秘藏酒、長期熟成酒	鄉村料理、義大利、墨西哥、阿根廷、泰國	鄉村燉肉、墨西哥捲餅、阿根廷碳烤牛肉
香檳釀造法日本酒	氣泡清酒	開胃菜、地中海料理、法國、義大利、日本、台灣	海鮮拼盤、西西里海鮮鍋、日式生魚片、台灣冷筍

「霙」酒 (みぞれ Mizore)

這是一種會令賓客感到出乎意料的飲酒方式，又稱冰雹酒（みぞれ酒），或是「日本酒冰沙」，是一種品嚐日本酒的特殊方式，利用正確的前置準備，你可以讓液態的清酒在客人面前瞬間結凍，使其成為冰沙質地。這種如同魔術一般品嚐清酒的方式，尤其適合在夏季炎熱的時刻，將為賓客帶來難忘的杯中體驗。

這是利用了一種特殊的物理現象 **「過冷 Supercooling」**，一般當液體溫度低於冰點時就會凝固形成結晶，而「過冷」的情況是在液體溫度低於冰點時，因缺乏結晶核，而不會變成固體，而當此液體一經碰撞就會迅速結晶，出現瞬間從液體轉換成固體的物理狀態。

日本酒因為酒精濃度的關係，在 -10℃ ~ -7℃ 就會結成冰狀，但只要存放在不會有任何振動的霙酒專用冷庫裡，即使到零下 15℃ 依舊能保持液體狀態。之後小心的將酒在保持不振動的情況下從冷凍庫裡拿出來，快速倒入冰凍過的玻璃杯時，就會瞬間在客人的杯子中，將液體的日本酒轉變成冰沙狀的霙酒。

「客人不喝酒的時候，除了水以外，如果還能端上其他飲品；例如，特別的冰茶或非酒精性飲料，他們往往會非常感動。」
—— *Patrick Owner and Chef of The Inn at Little Washington*

茶

「茶」作為世界上最多人飲用的飲品,它的重要性不亞於西方的葡萄酒,在某些地區,茶葉的價格遠比黃金還要昂貴。在歷史洪流中,它曾改變了全世界的商業型態與規則,甚至也因為它引發了戰爭導致朝代更迭,唯一可確定的是,茶湯迷人的滋味將會持續在人類社會裡傳承下去。

茶的原鄉在中國,最早關於茶的使用紀錄,應為西漢時期《神農本草經》所記載:「神農嘗百草,日遇七十二毒,得荼而解之。」此處的「荼」就是「茶」的古字。

茶文化自古發展至今,早已從解渴、藥飲,到今日深入當代生活、文化甚至是時尚、藝術與品味之中。作為農產品的一種,自然融入了原產地的風土氣候以及製茶師的技術。「茶」所講述的事情其實與「酒」有異曲同工之妙,這就是為什麼我們在品嚐法國布根地的葡萄酒時,會特別強調這塊葡萄園的地塊價值。例如,葡萄園向南面、坡地位於中段、土壤以礫石為主、排水性佳⋯⋯,這些特徵就是在表述**農產品原產地的風土氣候**,而釀酒師的家族與傳承,講述的正是**人為技術**。

茶的風土也是如此。例如台灣茶農常說的高山茶的「**山頭氣**」,指的正是高海拔茶區茶樹,因為特殊的氣候與環境,吸收了土壤的養分,於是生產出其獨特、無法被取代的茶湯風味。

唐宋時期的茶以「**煎煮、點啜**」的方式來品茶,後來經由日本遣唐使、遊學僧侶及商賈自中國傳至日本,融入了當地文化精神與待客禮儀後,發展成為一套嚴謹的**日式茶道**。

到了明末清初,飲茶習慣也跟隨著中國東南沿海的移工傳到東南亞與台灣。依據《諸羅縣志》記載,台灣中南部本來就有野生茶樹,這代表著台灣土地是適合茶樹生長的。1980 年代,由茶商不斷引進茶樹與製茶法,發展出高山茶,目前主要分布於台灣中南部山區。

餐飲搭配潮流趨勢

「茶比葡萄酒更細緻,懂得品味茶的精髓,自然也能享受葡萄酒。」
—— *James Labe Tea Sommelier of Teahouse Kuan Yin*

現代的茶，依製作工序主要分為六大類：**綠茶、白茶、黃茶、青茶、紅茶、黑茶**。有些書籍上寫到茶葉分類是取決於發酵程度的不同，其實，茶葉的製作應該是多酚類受到氧化的過程。茶葉的氧化作用是它從茶樹脫落後就立刻開始，如同世界上任何的植物葉片，或是植物的果實，自樹上被採摘後便立即開始乾枯與氧化。

而茶色的表現，其實正是製茶師在控制茶葉氧化的發展；在製茶時茶菁會萎凋失水，經由攪拌揉捻造成葉片組織的破壞，進一步使茶葉內的化學成分氧化，主要包括茶葉中兒茶素等多酚類，經多酚氧化酶 (Polyphenol Ooxidase) 與過氧化酶 (Peroxidase) 等反應氧化，進而造成茶色與風味的差異表現。

隨著西方對東方文化的好奇與興趣，有越來越多歐洲精緻餐飲，融入了細膩的東方工夫茶 * 技藝。例如，位在巴黎的「桃花源茶坊」(La Maison des Trois Thés) 就是歐洲最知名的例子。店主人曾毓慧女士，來自台灣南投縣，在 1995 年將歐洲人不熟悉的東方茶帶到法國，開立了桃花源茶坊，近三十年的時光當中，以東方文人的優雅氣息，悄悄帶起了巴黎逐漸品飲精緻東方茶的流行，期間曾毓慧女士也時常與法國米其林主廚們規劃茶餐的搭配饗宴。如第一章（P33）所提及，法國名廚 Alain Senderens 就曾與 La Maison des Trois Thés 一起合作過 Tea Pairing 的法式茶餐會；前 Château Pétrus 釀酒師、現任 Vieux Chateau Saint Andre 的莊主 Jean-Claude Berrouet，也時常與曾毓慧女士合作交流，透過茶與酒的對話，交流著東西方文化。

另外，亞洲餐廳將茶融入高端餐飲最成功的例子，即是澳門永利皇宮中的頂級粵菜餐廳──永利宮，由行政主廚譚國鋒師傅領軍；其富麗堂皇的裝潢伴以頂級粵式美饌，令人恍若置身皇宮。不僅擁有價值不斐、珍貴奢華的食材，永利宮也以品茗珍貴茶飲與佐餐知名。餐廳中除了有侍酒師安排酒類飲品，更有侍茶師在華麗炫目的茶桌前為賓客們選茶與侍茶。2019 年，亞洲五十最佳餐廳 Asia's 50 Best Restaurants 頒獎典禮，就在永利宮舉辦，這讓更多的廚師與美食家了解到，東方茶在頂級餐飲中也佔有一席之地。

〵〵
「將茶葉結構組織破壞，使茶葉中的物質與空氣產生氧化作用，展現出特定的顏色、滋味與香氣，這正是整個製茶流程所追求的效果。」
—— 池宗憲，
《品茶入菜引美味》
〵〵

註 *
工夫茶的沖泡極其講究，不同流派的泡法皆有差異，然而仍有共通之處；沖泡時需用沸騰的水，用於燒水的爐子和盛水的容器一般都與茶具一起擺放，隨燒隨泡。

「茶」絕對會是未來幾十年在世界餐飲的關鍵字，隨著文化的交流變遷，當精緻餐飲走向**「眼觀世界、飲食在地」**(Think globally、Eat and drink locally)，最終探究至東西方飲品文化的根源後，答案會是**西方的葡萄酒**與**東方的茶**。

兩者同時做為世界上最多人口飲用的飲料，「茶」因為是農產品，因此融入了無可取代的原產地風土氣候與傳承技術，更重要的是，**「越在地、越國際」**這種重視根本與探索在地的餐飲潮流，東方茶在西方社會將如同第二次萌發的葡萄酒浪潮，終將帶來新一波的茶飲文化風潮。

∫∫
「眼觀世界、飲食在地 ──── Think globally、Eat and drink locally」
∫∫

茶	特色	茶類型	適搭菜系	菜色建議
綠茶 Green Tea （無氧化茶）	可以清淡菜餚搭配，清爽的蔬菜海鮮沙拉是一種美味的選擇，或是水煮或清蒸的貝類或甲殼類海鮮。	台灣： 龍井、碧螺春 大陸： 毛峰、毛尖、猴魁、瓜片 日本： 抹茶、煎茶、玉露、玄米煎茶	蔬食料理、北歐、法國、日本	清蒸蝦蟹、清炒海鮮、水煮龍蝦、甜蝦蒸蛋
白茶 White Tea （部分氧化茶）	頂級白茶適合單獨品飲，若是搭餐可搭配清炒海鮮，或是佐以檸檬或萊姆的河鮮。	白毫銀針、白牡丹、貢眉、壽眉	地中海料理、北歐、義大利、日本、越南	檸檬魚、青醬海鮮義大利麵
黃茶 Yellow Tea （在台灣屬不氧化茶）	可搭配清炒海鮮，細緻的雞肉或是佐以檸檬的河鮮。	黃芽	地中海料理、北歐、西班牙、越南、泰國	油漬章魚、魚蝦蟹貝類海鮮盤、香草嫩雞

餐飲搭配潮流趨勢

茶	特色	茶類型	適搭菜系	菜色建議
青茶／ 包種茶 Paochong/ Oolong Tea	青茶／包種茶類型較多元	文山包種＜高山烏龍＜東方美人＜凍頂烏龍＜紅烏龍＜鐵觀音 （依照風味淡到濃排序）	北歐、法國、義大利、美國、墨西哥、中東、日本、韓國、台灣	優雅細緻的高山茶可搭配檸檬魚、番茄以及細緻肉質的雞肉料理。較為濃郁的茶，如鐵觀音茶則可搭配有肉桂醬油類型料理。烘焙與氧化最多的茶，如凍頂烏龍茶、東方美人茶，可搭配牛肉、燒臘、油脂豐富的魚肉，或具土壤大地風味的菌菇類菜餚。
紅茶 Black Tea （完全氧化茶）	可搭配酥皮點心、炸物、辛香料的料理或紅豆類型甜點。	台灣： 蜜香紅茶、紅玉、紅韻 印度： 阿薩姆、大吉嶺 斯里蘭卡： 錫蘭、烏巴	巴西、中東、中國、泰國、馬來西亞、新加坡、印尼	印度咖哩、新疆烤羊肉串、沙嗲串燒
黑茶 Dark Tea （後發酵茶）	黑茶的製作需在一個具有相當濕度和溫度的環境下，進行長時間堆積，使茶葉產生一系列的濕熱化學反應，讓茶葉作非酵素性的氧化作用。	普洱、千兩、六堡	巴西、阿根廷、中東、印度、中國	煙燻烤肉、黑巧克力、泥煤威士忌料理

咖啡

咖啡 Coffee 這個詞，源自**阿拉伯語「Qahwa」**，意思是**「植物飲料」**。在十一世紀，咖啡樹自非洲東北部移植到阿拉伯，它就開始在人類的歷史洪流中扮演重要的角色。十六世紀初期，鄂圖曼帝國達到了全盛時期，咖啡飲用文化也開始在阿拉伯、小亞細亞、敘利亞、埃及、歐洲東南部逐漸風行，據說世界上第一間咖啡館「Kiva Han」，於 1475 年開立在土耳其的君士坦丁堡。荷蘭人在十七世紀中葉將咖啡帶進歐洲，直到 1670 年，一個美國人才在聖日爾曼市場開始銷售咖啡。

今日，咖啡已是世界的三大飲料之一，生產國也已經超過五十個，依照世界人口基金會估算，全球 72 億人口中，有近三分之一以上的人天天飲用咖啡，因此每年至少要喝掉 5,000 億杯咖啡。

雖然咖啡是世界上飲用最多的飲料之一，但到目前為止還是少有人將其作為餐飲搭配的飲品。隨著精品咖啡的浪潮來襲，此刻第四波的咖啡浪潮 * 正在興起，咖啡也進行著如葡萄酒般的極致產區風味探索。越來越多單品手沖咖啡館林立，這也代表著高品質、根本溯源和品飲雅致細膩的咖啡，已經成為這個世代的主流，筆者也相信未來精品咖啡用來佐餐勢必會成為流行。

為了追尋和感受杯中更純粹的風土滋味，淺焙咖啡和手沖引導出的乾淨與多層次風味成為當代風潮，精巧細緻的咖啡風味在餐飲搭配上更為合適，甚至當今有許多咖啡飲者也巧用葡萄酒杯來捕捉手沖或冷萃咖啡香氣。

咖啡用在佐餐上，可以特別關注**「顏色」**、**「酸度」**與**「五階段熟成風味」**這三項，顏色與階段風味是指咖啡的烘焙度與萃取。除非你是要搭配濃郁型的料理，如熟成的肉品或辛香料重的菜餚，否則，基本上濃縮咖啡或是重烘焙的咖啡，都十分容易蓋掉料理的風味。而手沖與淺焙咖啡，能夠導出類似於葡萄酒的風味，甚至是明亮的酸味、豐沛的果香，在配餐中的平衡感會更為一致。

註 *
第一波咖啡浪潮（1940~1960）：
即溶咖啡崛起／咖啡速食化
第二波咖啡浪潮（1966~2000）：
罐裝咖啡 & 義式濃縮咖啡／咖啡精品化
第三波咖啡浪潮（2003~ 迄今）：
精品咖啡倍受矚目／咖啡美學化
第四波咖啡浪潮（尚未被定義）：
咖啡多樣性發展，包含更多元餐飲體驗與科技品飲。
也有討論到「E-commerce（電子商務）」和「Post-connoisseurship（高端品鑑體驗）」。

上述各波浪潮時間是指最強烈時期，並不是指已經結束。第一波至第三波咖啡浪潮至今依然持續進行並且演化。

你可以想像淺焙的濾滴式咖啡類似葡萄酒，它的酸度呈現得更為明亮；而濃縮咖啡則像是烈酒，可做為料理的點綴，比方做為料理醬汁使用；甚至可以將咖啡豆入菜。世界知名的咖啡公司 Nespresso，就聘請世界冠軍侍酒師 Paolo Basso 作為它的品牌大使；Paolo 曾在 2016 年訪台，在台北 L'ATELIER de Joël Robuchon 舉辦 Nespresso Chef Night 咖啡餐酒晚宴。

在餐會期間，Paolo Basso 與法國主廚 Oliver Jean 利用 Nespresso 的六款濃縮咖啡來搭配前菜、主菜到甜點，共八道法式佳餚。其中一道是加入 Espresso Origin Brazil 所烹調出來的龍蝦湯；Chef Oliver 利用龍蝦、番茄及蔬菜配上濃縮咖啡，帶出龍蝦的鮮甜滋味與圓潤絲滑的咖啡口感。除此之外，Chef Oliver 更利用 Ristretto Origin India 咖啡，將其醇厚並帶有強烈又特殊的辛香味口感來與鴨肉一同料理；利用蜂蜜、醋以及台灣原產新鮮蔬果一同調味的醬汁，以烘烤的方式烹調，鴨肉主菜的層次更顯豐富，這種以咖啡入菜的體驗，著實令當晚賓客們印象深刻。

▲ Paolo Basso

另外，冰滴咖啡 Ice Drip Coffee 也可作為餐飲搭配上的驚喜。冰滴技術是利用 5°C 以下冰塊自然融化的冰水，通過閥門的控制將冰水滴入咖啡粉，讓冰水在咖啡粉中慢慢萃取出咖啡的風味，完整萃取所需的時間達 2~8 小時。為了獲得更好的口味，完成冰滴程序後還需要 12~48 小時的冷藏發酵時間，讓其出現醇厚的酒香風味。

冰滴咖啡每次萃取的量很少，一般不加冰塊時濃度極高，當你品嚐時若覺得太濃郁，可加入優質冰塊來稀釋萃取液。以冷萃咖啡佐餐，可使用對應的葡萄酒杯來彰顯出特殊風格，例如酒香較明顯的冰滴咖啡，就可使用烈酒酒杯；若是花果香氣較為明顯的則可使用白葡萄酒杯來品嚐。

〵〵
「比起冷萃咖啡，冰滴咖啡具有更多芳香，而且味道更加細膩而微妙。」
——— Laila Ghambari,
美國冠軍咖啡師
〵〵

咖啡	特色	主要代表風格產國 (以產區傳統風格為例)	適搭菜系	菜色建議
淺焙咖啡	淺焙咖啡豆的顏色較淡，外觀的油脂比較少，沖煮出來的咖啡顏色偏淡褐色，帶有淡淡的花果香氣，風味雅致酸度明亮。	巴拿馬、牙買加 衣索比亞、肯亞	蔬食料理、 北歐、法國、日本、 越南	適合搭配風味細緻，如果醋沙拉、鮮味明顯的甲殼海鮮、些許鹹味清蒸、淡雅發酵味料理，皆可嘗試。
中焙咖啡	中度烘焙的咖啡豆表面會開始分泌油脂，顏色較接近栗子色，沖煮後的風味及香氣較為濃郁，可同時品嚐到酸味及咖啡的苦味，但相對的，花果香氣就會隨著烘焙時間拉長而減少。	哥斯大黎加、尼加拉瓜、宏都拉斯、 哥倫比亞、 薩爾瓦多、 瓜地馬拉、台灣	德國、 西班牙、義大利、 中東、中國、韓國、 台灣、新加坡	適合搭配中等濃郁度料理，帶有辛香料、醬油、乾燥、醃漬的鹹鮮味與細緻熟成料理，皆可嘗試。
深焙咖啡	外觀呈現深褐色，風味醇厚、濃郁，但幾乎無法品嚐到原始咖啡風味特性，香氣轉為煙燻、炭燒的濃厚風味。大部分使用於 Espresso 加牛奶或水製作成的拿鐵或美式咖啡。	巴西、印度、印尼	美國、 南美洲、墨西哥、 阿根廷、 澳洲、印度、泰國	單品深焙咖啡適合搭配濃郁類型料理，帶有濃厚辛香料、煙燻、炭烤、野味熟成料理皆可嘗試。

水

人體不可或缺的是水，但若以水來佐餐，基本上只能做到清洗味蕾的作用。**水最重要且無法被取代的功能便是用來萃取、稀釋與完整其他的飲品。**前面章節所提及的，無論是調酒、烈酒、茶、咖啡都需要透過水來完成。

每一種香氣分子在與水接觸時物理性質都不相同。例如，親水性 (Hydrophilic) 的香氣分子親近水分子時，喜歡待在液體中。當飲品中的酒精含量越高，就會有比較多親水性的香氣分子；例如，柑橘類型芳香物質，比較容易在品飲時被嗅聞到。

反之疏水性 (Hydrophobic) 的香氣分子會排斥水，但可能較為容易與脂肪結合。當帶有疏水性香氣的分子，如花香與果香香氣分子，被水分子圍繞時，便會脫離本體，逃脫至高處，所以在嗅聞時這些味道就會更容易被察覺到。這就是為什麼烈酒的品牌大使在帶領品飲時，會建議加一點點水進入酒中，就是在利用疏水性香氣會排斥水分子的關係。其實飲品中的香氣一直都存在著，只是隱藏在其中。

這也就解釋了調酒中最常出現的融冰原理；當 Bartender 製作一杯馬丁尼調酒時，在冰塊尚未融水前，比較容易嗅聞到柑橘的香氣；隨著琴酒與香艾酒在攪拌混合杯 (Stir Glass) 中快速地攪拌而與冰塊接觸時，冰塊也在迅速地融水，並將疏水性香氣，如花香與精巧的果香**「推離」**底層；當水分與酒精比例達到平衡時刻，且調酒師希望引導出的果香、花香、柑橘氣息都到完美之時，他（她）就會停止攪拌，這便是一杯馬丁尼調酒的秘密。

「酒精（乙醇）具有部分疏水性質，這也是為什麼葡萄酒或烈酒中的疏水性香氣分子儘管有酒精存在還是會留下來。水和酒精液體的比例則會影響那一些香氣分子更容易被察覺。」

—— *Peter Coucquyt, Bernard Lahousse and Johan Langenbick, The Art and Science of Foodpairing*
《食物風味搭配科學》

◊ 世界知名礦泉水與類型 　（依照 TDS 值 * 排序）

礦泉水	國家	類型	PH 值	TDS 值 (mg/l)
Berg	加拿大	無氣泡	7.8	10
Svalbarði	挪威	無氣泡	6	21
VOSS	挪威	無氣泡／微氣泡	6.4	22
Lurisia	義大利	無氣泡／微氣泡	6	30
Speyside Glenlivet	英國	無氣泡／微氣泡	7.7	58
Icelandic Glacial	冰島	無氣泡	8.66	69
Fiji	斐濟	無氣泡	7.5	160
TAU	英國	無氣泡／微氣泡	7.2	208
Babulong（巴部農）	台灣	無氣泡	8.75	226
Evian	法國	無氣泡	7.2	357
Perrier	法國	氣泡	5.5	475
San Pellegrino	義大利	氣泡	7.7	1109
Chateldon	法國	氣泡	6.2	1882
NEVAS	德國	氣泡	/	>2000
Vichy Catalan	西班牙	微氣泡	6.26	3052
ROI	斯洛維尼亞	無氣泡	6.8	7481
MINVINO*	瑞典	無氣泡／氣泡	7	123~415

註 *
TDS 值： Total Dissolved Solids，代表水蒸發後留下來的礦物質比例。TDS 值越高，代表礦物質含量高，味道也較重。
MINVINO： 由世界侍酒師冠軍 Andreas Larsson、瑞典侍酒師 Solveig Sommarström、Susanne Berglund Krantz 和 Jeanette Fili 共同打造，是世界上第一款以搭配不同葡萄酒為核心所製作的礦泉水。透過水的礦物質、PH 值和碳酸化程度，與葡萄酒的酸度、單寧和獨特的風味相互作用。目前共分成四種水款。

MINVINO 佐酒水	TDS	特色	適搭葡萄酒
MINVINO No.1	123 mg/l	靜態水。適合與年輕爽脆的白葡萄酒和香檳配對。	其輕礦物味與 Chablis、Riesling、Albariño 和 Sauvignon Blanc 等清淡果味葡萄酒的酸度完美匹配。
MINVINO No 2	206 mg/l	氣泡水。適合與濃郁厚實的白葡萄酒配對。	其礦物質平衡了酒體豐滿的白葡萄酒，例如 Chardonnay 和 Semillon 的順滑口感。
MINVINO No 3	251 mg/l	氣泡水。適合與精緻或單寧豐富的紅葡萄酒配對。	淡淡鹹味與紅葡萄酒的單寧結構協調平衡，提升了淡紅葡萄酒的果味。例如單寧豐富的葡萄酒 Barolo、Bordeaux，或精緻的葡萄酒如 Bourgogne。
MINVINO No 4	415 mg/l	氣泡水。適合與濃郁強勁的紅葡萄酒配對。	其礦物度支撐了濃郁紅葡萄酒的厚實風味，如美國 Cabernet Sauvignon、Châteauneuf-du-Pape、Shiraz、Zinfandel 和 Amarone。

果汁

果汁佐餐 (Juice Pairing)，目前在歐美的餐廳非常盛行。丹麥唯一的三星餐廳，位於哥本哈根市中心的 **Geranium**、美國紐約的二星餐廳 **Atera**，以及曾拿到世界最佳餐廳的 **Noma**，皆以 Juice Pairing 與 Non-Alcoholic Pairing 而聞名。

Geranium 餐廳的主廚 Rasmus Kofoed，是一位傳奇廚師，他曾在比利時二星餐廳 Scholteshof 工作，31 歲那年在世界最重要的廚藝競賽之一的博古斯世界烹飪人賽 (Bocuse d'Or) 展露頭角。拿下銅牌的兩年後，他進一步獲得銀牌，並在同年與侍酒師 Søren Ledet 一起創立 Geranium，到了 2010 年，Rasmus 終於成功拿下 Bocuse d'Or 大賽金牌。接下來，Geranium 便展開一段夢幻的摘星旅程；2012 年獲得米其林一星，2013 年拿到二星，並於 2016 年摘下三星持續至今。因此，Rasmus Kofoed 成為目前世界上唯一一位同時擁有 Bocuse d'Or 金銀銅獎牌，並且身為米其林三星餐廳的主廚。

提到 Geranium 也必須提及餐廳外場重要的靈魂人物 Søren Ledet，他曾榮獲歐洲最佳侍酒師大賽的獎項，目前是餐廳的 General Manager 與 Beverage Director，同時也是 Geranium 的共同創辦人；Søren 曾經在 2004 年到 2005 年於 Noma 與 René Redzepi 共同工作，這就可理解，為什麼「果汁搭餐」也同樣成為 Geranium 的代表作。因為當時 Noma 不僅在 **「Juice Pairing」** 帶起風潮，其他專屬於北歐料理的飲食風格，也深深改變了當代料理，從我們熟悉的 **「野外採集」**、**「發酵或醃漬」**、**「廚師直接服務客人」**，確實自 2004 年開始，北歐料理的風格進一步影響了全世界。

若以果汁來搭餐，需要特別注意兩件事。第一點要確保果汁品質新鮮；因為果汁未經過殺菌，因此在長時間與空氣接觸、或天氣過於炎熱時，就很容易會孳生細菌並且影響風味，小則出現異味，大則造成賓客健康的危害，不可不注意。

〝
「飲料團隊將甜菜根榨汁，混合黑醋栗，接著將其浸泡在烘烤橡木桶中以增強結構，並添加一點百里香油以獲得鹹香風味。以酒瓶盛裝再倒入葡萄酒杯中。它嚐起來像蔓越莓汁，也帶有土壤大地風味，含糖量更低。當它遇到豐富的牛肉時，雖然它不會像單寧酒那樣神奇地打開口感，但它本身就是一種完美的搭配。它被稱為『甜菜丘 Côte de Beet』而不是『波恩丘 Côte de Beaune』。」
—— *Atera Restaurant, New York*
〟

第二點要避免甜度的加乘作用；天然水果必定含有糖分，且未經發酵，因此糖分無法轉換成酒精，所以 Juice Pairing 最常遇到的問題就是很容易每杯果汁都帶有甜度，故搭配到一個階段後會讓人感到膩口。

筆者之前在樂沐法式餐廳工作時，經常遇到來用餐的賓客，或許因為身體因素、開車或是年紀太小還沒辦法喝酒，無法與其他飲酒的客人一起盡興舉杯，思索許久後，決定以 Juice Pairing 來改善這個狀況。當時挑選了進口的無籽白葡萄，並使用德國 Thermomix Blender 快速榨汁減少氧氣接觸，以日本酒雫酒 Shizuku 製作的方式，於廚房冷藏室中放置整晚，以重物緩慢壓榨出接近白葡萄酒色澤的葡萄汁，並將其靜置，隔天再裝進葡萄酒瓶中。在為賓客桌邊服務時，使用手工香檳杯，並以 Perlini Shaker 打二氧化碳氣體進入葡萄汁中，讓白葡萄汁帶著如同香檳般的細緻氣泡。因為二氧化碳本身會提高飲品酸度，Shaker 時也會加入冰塊降溫，再加上氣泡感，因此，這杯氣泡葡萄汁不僅清爽、酸甜平衡，且帶出了果汁搭餐的儀式感服務。

最後這一小杯鮮榨氣泡白葡萄汁，不僅為餐廳塑造出喝酒的氛圍，提升更多客人點酒的吸引力，也成功讓沒辦法喝酒的賓客能舉杯跟大家一起盡興，因此自然而然地成為菜單上的 Signature Non-Alcoholic Drink，更重要的是，讓許多無法飲酒的賓客也擁有難忘的餐飲體驗。

∫∫
「我們希望滴酒不沾的賓客不再被視為二等公民，而現在這種情況也有許多跡象顯示正在改變。」
———— *Andrew Dornenburg and Karen Page, What to Drink with What You Eat* 《酒食聖經》
∫∫

∫∫
「二氧化碳 (CO2) 容易溶於水中，且會在液體中形成碳酸而帶出酸味；氧化亞氮 (N2O) 雖然不會帶出酸味，卻不易溶於水中，但容易融於脂肪中。」
∫∫

果汁	適搭菜系	搭配風味
綠色蔬果汁	義大利、美國、墨西哥、中東、中國	可搭配更豐富的肉類或海鮮，以形成口感對比。
根莖類果汁	西班牙、美國、中東、台灣、泰國	可搭配五香烤花椰菜或馬鈴薯湯；胡蘿蔔或芒果汁與辛辣的泰式炒河粉，或帶有辛香料的台菜可平衡搭配。
莓果類果汁	美式料理、南美洲	由莓果製成的果汁口感為酸度明亮又甜美；可嘗試搭配蔬菜和火腿的美味沙拉，或鹹甜較重的菜餚，以提亮口味。
蘋果類果汁	蔬食料理、日本	蘋果類型果汁的味道微甜、帶著清香；可與清淡菜餚搭配，蔬菜核桃沙拉是一個美味的選擇，或是清炒明蝦這類型的淡雅海鮮菜餚也十分合適。
柑橘類果汁	西班牙、美國、巴西、亞洲	柑橘風味具有廣泛的酸度或酸味；可搭配簡單、極簡的菜餚，如蛋類料理或配料簡單的家禽。
熱帶水果類果汁	巴西、牙買加、台灣、泰國	鳳梨、椰子或芒果等熱帶水果具有獨特、令人興奮的甜美清爽口味，可搭配甜食或辛辣的菜餚。

8

Chapter

回到最初

「美食美酒讓人們歡聚一堂，久而久之友誼也慢慢的加深，它是社交的橋樑。在餐桌上，人們平心靜氣地相處，談天說地，日常生活裡彼此的地位差異也被沖淡了許多。」──1825-Jean Anthelme Brillat-Savarin，*Physiologie du goût*

人類因為美食與美酒更加文明，美食與美酒也因人而產生價值。一切的一切都是源自於天、地、人的完美結合，「酒有應得」，我們也應該學會感恩。

當我們擁有了知識、理解了方法也具備技術後,其實更需要的是減法哲學,把餐飲搭配轉化成更為自然、日常的生活狀態。那種感覺就像是,沒有人會問為什麼早餐是喝牛奶配麵包、又或者為什麼黑咖啡能與牛奶完美融合。當餐飲搭配的設計達到日常的狀態,這正是筆者心中最完美的 Pairing 樣貌。接下來就讓我們回到最初,重新審視幾個餐飲搭配重要的初衷。

餐飲搭配的根本

來到最後一章,在整本書中,我們探討了餐飲搭配的歷史脈絡、古典與現代、配對方法,及搭配的新潮流與新方向。不過任何複雜的事物都源自最簡單的根本,正如世界很複雜,但基本上就是依循著日升月落的自然法則亙古不變;在餐酒搭配的根本基礎上,餐與酒的本質就是互補且互相調合的。又如男人與女人一般,性格能夠互補而互相依存;因此,若是在飲食搭配中遇到問題無法解決時,不妨以自然之道來做思考,或許將有不同角度的解答出現。

隨著現代科技越來越發達,人工智能所帶來的方便性時常讓人驚訝,但別忘了,是人在品嚐桌前的餐點與飲品,除了運用冷冰冰的工具、儀器以及精準的參數外,如何利用科技與設備來型塑出一次令人感動的餐飲體驗更為重要。當人類逐漸走向虛擬的元宇宙時代,任何行為都可能被科技所取代,唯有飲食是需要在真實世界中才能完成的一件大事;因此,隨著人工智能發展到越高端,虛擬生活越來越平常,人與人的飲食體驗更顯得難得與珍貴。

餐飲搭配的本質是為了帶來更美好的飲食體驗,如果能深刻體驗生活周遭的細節與美好,便能提升品味的感受,甚至是飲食的季節之美。又若能理解每杯飲品背後的風土、農民與製作者的辛勤付出,並將其與合宜的食物配對起來,就能讓品嚐到的人理解其背後的故事,甚至開始踏上尋根的旅程,這將是最美好的一件事。

再者,當風土的邏輯建立後,在地農民與其農作物就開始擁有了不可取代性,進而成為精緻產品,產地也自然地出現保護作用。「自然」本是一切的根本,如果台灣要釀造如同德國冰酒風格般的葡萄

▲ Illustrate by BERTALL (1848)

回到最初

酒，那就是與自然違背，即便短時間能夠做出相似風格，但卻不能長久；又如，在日本種植咖啡樹，生產咖啡豆；或是在法國種茶，採茶，製茶，也是不合乎自然之事，注定失敗。地球上，只有某些特定的地方才能夠生產某種獨特的農產品，之後被用來製作與品嚐，這才是「道法自然」的表現。

在餐酒搭配中，筆者思索的也正是自然之事，結合了風味的統計比較，將其導出一個方向。若讀者能夠閱讀本書至此，就代表你（妳）真的對餐飲搭配十分有興趣，接著將進一步分享評分系統中更深層面的看法。

在構思這個評分系統時，筆者是以中國古人的智慧之書《易經》的內涵來思索設計。因為**飲品**與**料理**正如同自然界中的**「陰」**與**「陽」**，兩者自然而然合而為一，就像是人類因其生存之所需，會自然地**「飲」**與**「食」**。

評分系統中的八個分數正如同易經中的卦象，八個分數乘以八個分數，分別有六十四種不同的狀態；而易經中的六十四卦能包含一切萬物，以六十四卦象可整體地理解料理與飲品之間的關係。八個面向不僅探討料理的風味表現，也涵蓋了飲品風味表現，其實**八個方向**所衍伸出來的各個方向正是**「整體一切」**。

《易經》是使用符號與數字的形式系統來描述事物的變化，它展現了中國的文化與哲學宇宙觀，其中心思想，是以不同卦象來代表世間萬物的運行狀態。**「易」**也正是**「道」**的運行，在恆常的真理中卻有不斷更新變化，即使事物隨著時空變幻，但其內在的規律，恆常的道是不變的。正如同餐與飲在配對之下亦會產生源源不絕的變化與可能。

餐飲搭配評分系統並不是要完全同意或否定某些飲食搭配，正如同在時間上並非只有正午或午夜，或氣候方面只有大晴天或大雨天；其實，在更多時刻是介於兩者間的狀態。

〈〈

「日升而天明，日落而天黯。明而接黯，黯而續明。終而復始，無始無終。一如生死。一如成敗。一如興亡。合明，生，成，興之類為陽。總黯，死，敗，亡之屬為陰。陰陽相生相剋，萬事周而復始，是謂易。《繫辭傳》云，生生之謂易。生生者，不絕也。」
——— 《易經》

〈〈

〈〈

「日月為易，象徵陰陽。」
——— 東漢 魏伯陽，
《周易參同契》

〈〈

而餐飲搭配評分系統，試圖像個指南針，在悠遠的葡萄酒歷史洪流，且時日尚為短淺的餐酒搭配學問中，讓它成為能梳理出一條指往更好方向的一種工具。指南針雖無法告訴你這條路如何走到終點，但它卻能指引你正確的方向；若再結合風味的知識與經驗，相信更有機會到達那應許之地。

餐飲服務的根本

透過良好的餐飲搭配，在餐飲服務上不僅可提升賓客的飲食體驗，也能型塑出各餐廳與眾不同的風格。例如，台灣風味的法式餐廳，在餐酒搭配時，使用台灣在地的葡萄酒、威士忌、高粱酒甚至是小米酒；在美式餐廳中挑選老年份的 Zinfandel 紅葡萄酒，在韓國餐廳以燒酒配對；日本料理餐廳中，則挑選清酒或北海道地區小農釀造的葡萄酒。以上這些搭配，都能塑造出更多的話題性、季節感，以及原產地限定的獨特風格。由於飲食搭配，有著無窮無盡的可能，也因為飲品的多變性，再加上主廚會依照季節感來挑選料理的食材，這些都能成為獨立餐廳的絕對優勢。

大型連鎖餐飲業者則可與產地直接合作；例如，訂製專屬餐廳的特殊酒款。筆者身為台灣米其林星級餐廳「山海樓」的侍酒顧問，「山海樓」是台灣菜的精緻料理代表，因此，筆者曾協助餐廳與在地啤酒廠「台風造酒 Taiwind Beer」合作，釀製一款獨特的──山蘊─柚花烏龍茶啤酒。且在 2021 年，與台灣在地葡萄酒廠「威石東 Weightstone」跨界合作，特別訂製一款僅有三百五十瓶，只在山海樓餐廳限定販售的香檳釀造法氣泡酒──山石珍釀 La Roche d'Or。

山石珍釀 La Roche d'Or，是以五種台灣在地的不同葡萄混釀；台中后里的金香葡萄 (Golden Muscat)，彰化二林 45 年老藤栽種的黑后葡萄 (Black Queen)，彰化二林的蜜紅葡萄 (Honey Red)，彰化大村巨峰葡萄 (Kyoho)，以及彰化埔鹽的木杉葡萄 (Musann Blanc)。並且在傳統氣泡酒釀造階段中，添糖 (Dosage) 過程時加入山海樓主廚所特製的台灣關西黑糖露，展現了本地限定的葡萄酒

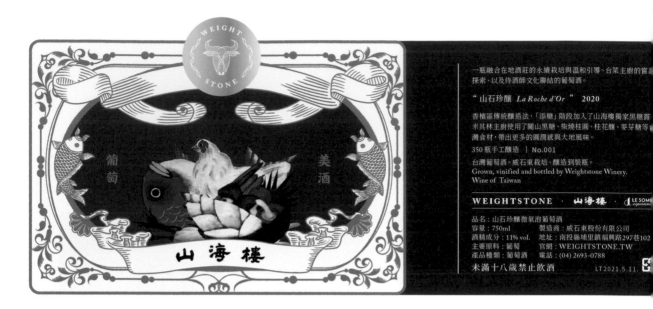

風格與獨特性。對於在餐廳內點酒的賓客，也提升了更多獨特體驗，同時顯現了山海樓餐廳葡萄酒專業的高度。更重要的是，在中式餐廳的文化中，客人也能接受買入餐廳限定酒款直接帶走的習慣，如此一來，也減少了服務人力資源的消耗。

筆者建議餐廳要強化餐飲搭配的原因，是它在服務的人力成本上能夠相對降低。一般來說，在高級餐廳的營運成本中，排除店面租金外，其他不外乎是人力與食材成本，而人力成本負擔最多的是在廚房單位；畢竟，精緻料理的完美呈現是非常需要人工來完成的。

若以利潤與營收貢獻比例來說，精緻餐廳若有良好的侍酒團隊，就能夠以較少比例的薪資，貢獻出較高比例的營收。雖然餐飲中，酒水的利潤沒有比料理來得好，但酒水服務所需要花費的時間卻比料理來得少。

經過良好訓練的侍酒師，他（她）能夠一個人再搭檔一位助理，即可擔當負責一間中型餐廳的餐期營運；相對於高品質餐廳的廚房內，極少數能夠只用少於五位廚師來運作廚房的。因此，在歐洲高端餐廳的營運，甚至可說是成功的酒水銷售，就直接決定了一間餐廳是賺錢或虧本。

自 2008 年金融風暴席捲全球之後，由於消費型態與餐廳經營模式的改變，順勢推升了「北歐料理」的浪潮。因為，「**新北歐料理運動**」**(New Nordic Food Movement)*** 的本質就是精簡了料理本身的擺盤與繁複度，將其轉換成更注重食材本身的品質與新鮮，並運用取自在地所孕育的新鮮食材，簡化烹調過程，最後呈現食物本身的

註 *
————————
新北歐料理運動
(New Nordic Food Movement)：
以飲食健康的概念，講求使用在地食材、野外採集、自然永續為主軸，並以純淨 (Purity)、樸實 (Simplicity) 和新鮮 (Freshness)為核心理念。其中又以 2004 年於丹麥開業的 Noma 餐廳做為代表。

美味。廚師運用在地食材，不僅能降低運送的碳足跡，維持生態的永續與平衡，更能讓消費者品嚐到最新鮮的食材。一位優秀的廚師，應該能讓賓客在餐桌上藉由飲食過程，就如同踏上食材的採集之旅；不論是感受到春天樹上的鳥叫，夏日竹林蟬鳴，初秋森林行踏枯葉，或冬日暖暖炭火一般的飲食感官體驗，更能品嚐到四季之美的在地風土滋味。

「新北歐料理」，甚至也不限制上菜或說菜時一定要由外場服務員來進行，有時廚房中製作此道菜的廚師也能夠化身為服務人員，即時零時差的為您將料理直接送至眼前，又可直接由廚師述說此道料理的元素以及他（她）的料理理念。這種 **From land to table** 與 **From kitchen to table** 的概念，本質上也是在精簡精緻餐飲營運中，比例偏高的人事成本。

回到最初

餐飲經營的根本

精緻料理餐廳的經營策略，若能由價格導向走向價值導向，從被取代性高轉為被取代性低，這才會是經營的長遠策略。又若，一個國家的餐飲文化，持續以低價做為營運方針，它終究會遇到食安問題。

正是以價值導向為出發，提升一間餐廳的不可取代性更為重要。我們以 2022 年台灣的西餐廳為例：餐廳座位數若超過 25 席，人均料理消費金額達到 NT$3,000(US$100) 以上的套餐型餐廳，首先應該建立商務餐會的架構模組，要能提供適合商務客人用餐的環境；因為，對於中大型餐廳來說，僅依靠在地顧客或熟客，要達到平均八成入座率是相對困難的。

增加商務型顧客不僅能提供更專業且更高價位的料理或酒品，也能藉由商務賓客間的分享，推廣至相同階層的目標客群來到餐廳的機會。相對的，若是座位少於 20 席，甚至更少的精緻料理餐廳，那就必須走向精品型的經營模式，要以小眾、高均消與預約困難制的角度來規劃。

▲ 甜點「睡蓮 Nymphéas」- 平塚牧人 Makito Hiratsuka

除賓客的料理消費之外,酒品的獨特性與稀有性也能強化餐廳的酒水營收。對於重視葡萄酒的歐美頂級餐廳來說,侍酒師團隊的營收基本上就等於了高級餐廳的主要淨利;因為,專業侍酒團隊的人數相較於廚房團隊少,雖然銷售金額比料理餐費的營收少,但若扣除人事成本後,淨利的百分比卻相對來得高。

但這其實並不是那麼容易達成;因為,餐廳酒品的挑選是一門專業,也很難達到穩定的高水準。雖然市面上的酒類很容易購買,但要真正挑選到符合餐廳風格又適合搭配料理的酒款,卻需要許多的知識與經驗,這兩點也正是專業侍酒師價值之所在。一般來說,在餐廳中出現的酒款必須是在市面上不易買到的,因為若在大眾市場能購買到,顧客在餐廳外購入一定會更加便宜。

餐酒搭配上還有一點是較少被關注到的,那就是在頂級餐廳非常具有優勢的一個觀點———**餐酒搭配的可變動性較高**。若餐廳希望以精品型餐廳來經營顧客,那麼滿足具高消費潛力的賓客就十分重要。葡萄酒與料理不同的是,葡萄酒基本上已經是完成品,其穩定性較料理來得更高,只要為賓客或是菜餚挑選到合適的酒款,一般而言,客人都會滿意;若是相同菜單,但搭配上不同等級、價錢與風格的酒款,就可以帶來完全不同的體驗。

中國上海指標餐廳 Ultraviolet by Paul Pairet,這間世界首屈一指的**「沉浸式感官餐廳」***,它是提供相同套餐,以不同餐酒搭配的價格類型。如同第一章內容提過的**「餐酒搭配的好壞,與飲品的價格沒有關係」**,因此侍酒師能夠在相同風格與架構之下,為擁有足夠預算,又想品嚐更稀少珍貴酒款的賓客設計出價格較高的搭配。

若餐廳選酒或收藏有方,其優質酒款的價格,會隨著時間逐漸升高;當藏酒達到一定的數量,就更有機會常常更換頂級的餐酒用來設計特殊菜單,同時也能為重要的常客帶來更多新奇的精緻餐飲體驗。

註 * ———————
Ultraviolet by Paul Pairet 是位於上海的米其林三星餐廳,被譽為全上海最難訂位的餐廳之一。主廚 Paul Pairet 利用特殊的聲光效果與感官體驗科技,為每晚僅十位的賓客,帶來超乎預期的用餐體驗。目前餐廳價格最高的搭酒菜單為人民幣 8,888 ／人。

在地文化

在當代，飲食文化已經成為一個國家的軟實力，一間優質餐廳可做為一座城市的門面，吸引著無數的美食家。**精緻料理 (Fine dining)** 與**精緻飲品 (Fine drinking)** 正是這個年代值得關注的議題；因為，高端餐飲的本質，應該建立在能夠提升在地農民或勞工的生活品質，使用在地原物料來創作料理。因為是在地製成，無法在他國被複製的農產品，這也才是價值經濟的核心。

這種正向的循環不僅讓消費者有更好的商品可購買，以及更好的食品安全保障；農民的生活品質也因而提升、獲得成就感，並且企業的經營者也能跳脫紅海競爭，走向藍海市場。進而再透過具備**精緻性 (Fine)**、**獨特性 (Unique)**、**在地性 (Local)** 的農產品走入國外市場，讓愛好者有機會到訪產地，接著推動地方旅遊等，經由這些正向循環，才能將本地的獨特產品創造出不凡的經濟價值。

以日本兩間正在推動在地食材，又是文化指標的店家來做此類觀點的介紹。第一間是位在和歌山縣岩出市的 Villa Aida 餐廳，這間獨特的義大利餐廳是由主廚小林寬司 Kanji Kobayashi 經營。小林主廚在 21 歲時便遠赴義大利學習料理，當他在義大利幾個小鎮的餐廳工作時，都會發現一件特別明顯的事，那就是**「義大利每間餐廳的廚師，都認為當地的食材是最好的，故不需購買在這個地區買不到的昂貴原料。」**

當小林主廚經過四年學習後回到日本，就在老家郊區小鎮上開了一間餐廳，最初使用義大利進口的食材來烹煮在米其林餐廳所學習到的菜餚。小鎮開了新餐廳，當地人基本上都會去嘗試用餐，但對小鎮的消費者來說，晚餐客單價 5,000 日圓的價格實在太高，因此，在開業的三年後，本地顧客就不再來了。

因此，小林主廚決定調整他的經營策略，將午餐價格降至 1,000 日圓、晚餐 3,500 日圓，後來卻發現吸引到的並非餐廳原所設定的目標客群，而是附近帶著孩子的媽媽們，或來此聊天聚會卻趕時間要離開的客人。

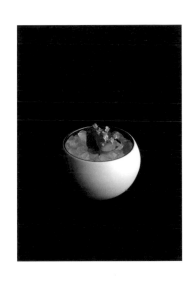

回到最初

最後，小林主廚因不堪虧損，準備放棄時，卻想到**「當時在義大利的那些餐館都在城市的郊區，他們的顧客願意花一個多小時才能到達那裡；那是因為餐廳使用當地食材製作出原創獨特的菜餚，而他們只有在這些餐廳才能享用。」**

這個想法頓時讓他豁然開朗，義大利料理的本質正是使用在地的最好食材來烹調，並非以當地難以取得的外來昂貴食材入菜。於是，小林主廚轉而鑽研在地食材，並在他父親所擁有的一塊農地上開始種植蔬果來入菜。接著，他將目標客戶鎖定住在鎮外的人，而不是當地人，因為當地人早已習慣吃這些新鮮美味的食材，所以並不會感到新奇。但是鎮外的人，甚至是國外的客人會接受，在優質的田地裡所種植的新鮮番茄或蘿蔔更值得花錢。

當小林主廚做出這種改變後，許多來自不同城市與國外的客人便開始光顧 Villa Aida 餐廳。同時，餐廳也經常出現在雜誌上被專題報導，後來就有更多**「正確的顧客」**開始上門，甚至連當地的客人都回來了。**Villa Aida** 也於 **2022** 年在米其林指南中榮獲二星殊榮。

另一間則是酒吧，位於日本東京新宿區的 Bar Benfiddich。Bar Benfiddich，所帶給人出乎意料和超越感動的神奇空間，在世界上可能是絕無僅有。不諱言，Bar Benfiddich 是筆者所到訪過的酒吧中，心目中排名第一，深刻的體驗甚至還超越了曾經是世界第一的英國倫敦 SAVOY Hotel American Bar。

Bar Benfiddich 的業主正是調酒師鹿山博康 Hiroyasu Kayama，他在 33 歲創立了這間用他的名字「鹿」、「山」（蓋爾語＊是 Fiddich 與 Ben） 為名的酒吧。這間被 Punch Drink 雜誌稱 **「Modern Alchemy」**現代煉金術酒吧，並稱呼鹿山博康為藥草魔術師。

鹿山在 20 歲時便開始了調酒師生涯，小時候住在鄉下，許多植物自然地出現在生活周遭，加上父母也是農民，因此，當鹿山有機會創立自己理想中的酒吧時，他更希望使用具天然成分的植物、草

「在偏遠地區，你可以找到讓你的生活變得有價值的秘訣。」
—— Kanji Kobayashi 小林寬司，
Villa Aida 餐廳主廚

註 *
蓋爾語 (Scottish Gaelic)：
蓋爾語是蘇格蘭人的傳統語言，在蘇格蘭文化中占有重要地位，當地使用這種語言已逾 1500 年，但如今僅剩下不到一萬人在使用蓋爾語溝通。研究指出若不努力保存它，這種古老語言可能會在 10 年內失傳。

藥、水果與香料來創作自己的雞尾酒。Bar Benfiddich 也是首間
以 **Farm to Bar** 做訴求的酒吧，鹿山不僅自己種植原料供應酒吧
使用，同時也找尋古書籍中所記載，來鑽研 18 世紀的利口酒與苦
艾酒製作方式，這種讓人無與倫比的體驗，也像是 Villa Aida 餐廳
一樣是很難被取代的。

在餐飲經營上，拼命追求第一，不一定是正確的道路，正因為所謂
的「第一」會隨著時間與環境的定義而有所不同。追求第一，就像
是追逐眼前的大浪或遠處的潮流，非常困難且十分費力。餐飲經營
應該思索的是追尋「唯一」，因為唯一通常不是潮流，而是經典。
追尋唯一就像是衝浪者在海上等著大浪，等待著並且增加自身能力，
待大浪來時，順勢而行，不僅效率更高、相對的輕鬆且更為自然。

幾年過去了，Bar Benfiddich 在追尋唯一的道路上，讓它成為
世界當代酒吧的指標。在 2021 年的世界最佳五十大酒吧中，Bar
Benfiddich 榮獲了世界第 32 名，亞洲最佳酒吧中則排名第 9 名。

回到最初

「日本的待客文化『Omotenashi
盛情款待』」非常重要。我非常
關注客戶體驗的開始和結束。例
如，當賓客帶著不安全感走進來
時，你必須讓他們感到受歡迎和
放鬆。在賓客離開之前，您必須
確保一切都做得很好。如果你能
做好開始和結束，顧客會覺得
他們在酒吧有很棒的體驗。」
—— *Hiroyasu Kayama 鹿山博康*

CH 8

幾年前筆者造訪 Bar Benfiddich 時，訝異的見到鹿山博康將
Best50 最佳酒吧的獎牌，擺放在靠近洗手間旁不起眼的角落，筆者
相信這些排名，對鹿山來說並不是最重要的，對於成為該行業裡的
「唯一」，並推動從**農場到酒吧**的理念，應該才是 Bar Benfiddich
永遠追尋的目標。

教育之重

隨著餐廳越來越重視餐飲搭配，喜愛品嚐精緻料理的賓客也越能接
受在用餐時，點上幾杯飲品來增加用餐時的飲食體驗，或是在特殊
的餐會，一定會選擇餐廳特別安排佐餐飲品；這種在餐廳用餐當下，
體驗餐酒搭配已經成為顯學，與十多年前尚未成熟的餐廳飲酒文化
的世代，或習慣自帶酒水至餐廳飲用的文化相比，已經出現明顯的
巨大轉變。

其實，這正是經歷了十多年來酒類教育與餐廳推廣後的成果。除
了台灣大專院校餐飲科系的開設，英國葡萄酒教育機構 WSET 自
2009 年也開始廣泛的在台灣開課，年輕又有消費能力的族群，其
酒類知識快速提升，同時，也由於消費者對飲品的要求提高，更強
化了餐廳業者必須在酒水專業上，要能跟上顧客酒水需求的步伐。

所以，無論是在酒單建立上、專業侍酒人員的招募、酒杯專業品
質的提升，甚至是購酒預算的增加，都正向推動了這個產業的進
步。以日本來說，基本上，除了有標註 BYOB*(Bring Your Own
Bottle) 的餐廳，應該是不會有人自帶酒水至餐廳的；即便是在日
本大城市裡，其實非常容易就能買到價格實惠的洋酒，但由於對餐
廳職人的尊重，原則上是不會有客人自帶酒水來的。

以上正是因為教育進而改變文化的過程。早在 1969 年，日本
就已成立了亞洲最早的侍酒師協會 (JSA- Japan Sommelier
Association)，同時開始國家侍酒師的考試認證。在 2020 年，共
有 4,316 人參加 JSA 的侍酒師 (ソムリエ) 考試，最後僅有 1,634
名通過測驗，合格率為 38%*。

▲ NKUHT Cellar 國立高雄餐旅大學雲
端智能酒窖教室

註 *
BYOB (Bring your own bottle)：
指歡迎客人自帶酒水的餐廳，一般
常見於澳洲或一些簡單型、沒有儲
酒空間或無專業侍酒人員的小餐館。

註 *
**JSA
(Japan Sommelier Association)：**
https://www.sommelier.jp/exam/

◀ 2018 年筆者代表台灣參加
於京都由 JSA 舉辦的亞洲最佳
侍酒師大賽。

由於日本整體社會文化對專業的信任與信賴,因此也正向推動了餐
廳營運上的提升。當餐廳有盈餘後就會再向進口商採購更多的餐飲
用酒,消費者也自然而然逐漸地能享受到餐廳專業的選酒推薦。

教育必須走在行銷之前,當整體的大環境更加健全又正向成長時,
對整個產業與文化延續,才是最重要的大事。

分享之心

餐飲搭配是一種技術也是一種方法,它的核心是以風味做為出發,
讓飲品與食物的風味,以平衡或對立的方式來做表現的一種科學方
法。但當它為坐在餐桌前用餐的賓客,帶來了一次終生難以忘懷的
美好飲食體驗時,那麼這也許就成為了一種魔法。

不論是葡萄酒或其他的特色農產品,都能讓人在不同的時間與空間,
感受到它的產地風土。甚至是,將獨特的那一年時光封存起來,等
待著歲月流逝之後,在未來回頭遇見過去,這是種帶著魔力的媒介。

而這些美好，其實，不只來自於物品本身，更多的是事物背後的故事。懂得欣賞日常飲食的箇中滋味，也一定會開啟品味之門；因為，它們同時通往了更真實、真誠且美好的世界。

樂於分享、嘗試體驗並且感受生命，是飲食這件事在生活中教導筆者的事，因為，美好事物總是難以長存，但也因此更顯珍貴。行筆至此，在本書的最後，個人以一首對我影響至深的詩──印度劇作家卡力達撒的《黎明的禮讚》，分享給讀者們作為本書的總結，也同時祝福讀者們，體驗餐飲搭配後發現美好，在感受生命脈動後帶來感動，敬　人生的滋味。

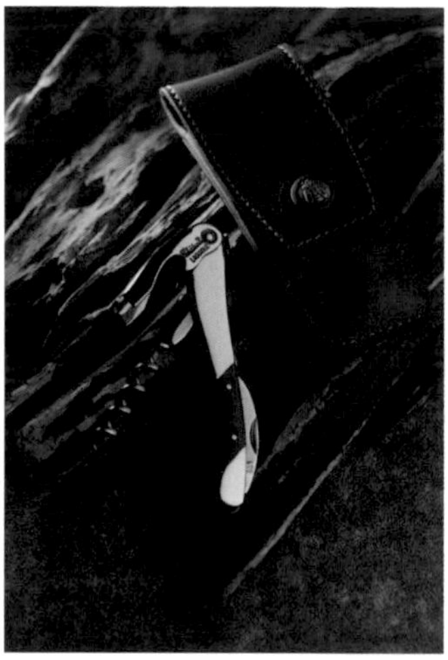

黎明的禮讚 ＿＿卡力達撒

珍惜今日吧！

今日就是生命，生命中的生命。

在白駒過隙中，蘊育著存在的一切真實：
成長的喜樂，行動的禮讚，美景的壯麗，
昨日恍如一場春夢，
明日猶似一幢幻影。

只有真正掌握今日，
才能完成，昨日每一場幸福的夢，
以及，明日每一幢希望的影。

好好珍惜今日吧！這是對黎明的禮讚。

▶ 筆者於 2022 年，為陳嵐舒主廚與武田健志主廚餐會所安排的餐酒搭配，也是筆者擔任侍酒師一職至今以來，最難忘的一次酒宴規劃。

Mar22 2022

2019 Roses de Jeanne Blanc de Noirs VV-Côte de Val Vilaine

Les Grignotages 小點心

Trout, caviar, seaweed, turnip
鱒魚/魚子醬/海藻/蕪菁

Tuna, basil, sweet peppers, tapenade
鮪魚/羅勒/甜椒/黑橄欖
Cured clam, chive chantilly, peanut
鹹蛤/細蔥香緹/花生

Sea urchin, fermented black bean, jalapeño
馬糞海膽/黑豆/墨西哥辣椒

Gougère, red wine shallot, Gruyère, smoked bone marrow
乳酪泡芙/紅酒蔥汁/煙燻牛骨髓

2021 小布施Winery Sogga Père et Fils Numéro Six 六號酵母

Terre et Mer 山珍海味

Morilles, nasturtium, salmon roe, sweet shrimp, mustard
羊肚蕈/金蓮花/胭脂蝦/芥米

2008 Bauget Jouette Blanc de Blancs "Cuvée Le Moût Restaurant"

Les Rouleaux de Printemps 卷春

Wagyu, oyster Gillardeau, crown daisy leaves, honewort,
Chinese toon
和牛/生蠔/山芹菜/山茼蒿/香椿

2015 Bell Hill Pinot Noir

Tête de Porc Rossini 羅西尼豬頭肉排

Tête de porc, foie gras, black truffle, choucroute, lime
黑豬頭肉/豬舌/肥鴨肝/黑松露/酸菜/萊姆

2008 Domaine Roulot Meursault 1er Cru Le Porusot

Pithivier de la mer 海鮮酥皮餡餅

Abalone, green seaweed, "beurre blanc Uni"
南非鮑/青海苔/海膽奶油醬

2014 樹生酒莊 埔桃酒

Le Fromage "乳酪盤"

Fromage blanc, Brie de Meaux, fennel, black truffle, prune
白乳酪/布利之王乳酪/茴香/黑松露

1910 Toro Albalá Don PX Convento

À la Douceur de la Saison 季節的溫柔
Fukinoto, strawberry 蜂斗菜/草莓

Mignardises 小茶點

回到最初

In Vino Formosa

餐酒搭配學：
侍酒師的飲饌搭配指南
PAIROLOGY — *A Sommelier's Guide to Matching Food and Drink*

作者	何信緯
特約攝影	王正毅
美術設計	Zoey Yang

社長	張淑貞
總編輯	許貝羚
行銷企劃	洪雅珊、呂玠蓉

發行人	何飛鵬
事業群總經理	李淑霞
出 版	城邦文化事業股份有限公司　麥浩斯出版
地 址	104 台北市民生東路二段 141 號 8 樓
電 話	02-2500-7578
傳 真	02-2500-1915
購書專線	0800-020-299

發 行	英屬蓋曼群島商家庭傳媒股份有限公司城邦分公司
地 址	104 台北市民生東路二段 141 號 2 樓
電 話	02-2500-0888
讀者服務電話	0800-020-299（9:30AM~12:00PM；01:30PM~05:00PM）
讀者服務傳真	02-2517-0999
讀這服務信箱	csc@cite.com.tw
劃撥帳號	19833516
戶 名	英屬蓋曼群島商家庭傳媒股份有限公司城邦分公司

香港發行	城邦〈香港〉出版集團有限公司
地 址	香港灣仔駱克道 193 號東超商業中心 1 樓
電 話	852-2508-6231
傳 真	852-2578-9337
Email	hkcite@biznetvigator.com

馬新發行	城邦〈馬新〉出版集團 Cite(M) Sdn Bhd
地 址	41, Jalan Radin Anum, Bandar Baru Sri Petaling,57000 Kuala Lumpur, Malaysia.
電 話	603-9057-8822
傳 真	603-9057-6622

製版印刷	凱林印刷事業股份有限公司
總經銷	聯合發行股份有限公司
地 址	新北市新店區寶橋路 235 巷 6 弄 6 號 2 樓
電 話	02-2917-8022
傳 真	02-2915-6275

版 次　初版 3 刷 2024 年 5 月
定 價　新台幣 980 元／港幣 327 元

國家圖書館出版品預行編目 (CIP) 資料

餐酒搭配學：侍酒師的飲饌搭配指南 / 何信緯著 . -- 初版 . -- 臺北市：城邦文化事業股份有限公司麥浩斯出版：英屬蓋曼群島商家庭傳媒股份有限公司 城邦分公司發行, 2022.07 ，292 面；19x26 公分
ISBN 978-986-408-789-1(精裝)　1.CST: 葡萄酒 2.CST: 品酒　　463.814....................111001662